高等职业教育校企合作特色教材

SHIYANSHI ANQUAN
YU GUANLI

实验室安全
与管理

黎海红　袁磊　林洁　主编

化学工业出版社

·北京·

内容简介

本教材本着"实用为主,够用为度,应用为本"的原则选取教学内容,分为实验室规划设计与建设、组织管理、仪器设备管理、试剂管理、安全管理、质量管理、认证认可七个项目。每个项目均先列出知识目标、能力目标和思政目标,并以实际案例为引导,项目后面附有课后小测,并配有参考答案。

本教材可供中、高职院校食品、药品、化工等分析检测相关专业教学使用,也可供企业检测机构工作人员学习、培训使用。

图书在版编目(CIP)数据

实验室安全与管理/黎海红,袁磊,林洁主编. —北京:化学工业出版社,2022.8 (2024.2重印)
ISBN 978-7-122-41263-8

Ⅰ.①实… Ⅱ.①黎… ②袁… ③林… Ⅲ.①实验室管理-安全管理 Ⅳ.①G311

中国版本图书馆CIP数据核字(2022)第066957号

责任编辑:蔡洪伟 王 岩　　　　　　　文字编辑:崔婷婷
责任校对:刘曦阳　　　　　　　　　　装帧设计:王晓宇

出版发行:化学工业出版社(北京市东城区青年湖南街13号 邮政编码100011)
印　　装:三河市延风印装有限公司
787mm×1092mm 1/16 印张9¾ 字数246千字 2024年2月北京第1版第4次印刷

购书咨询:010-64518888　　　　　　　售后服务:010-64518899
网　　址:http://www.cip.com.cn
凡购买本书,如有缺损质量问题,本社销售中心负责调换。

定　　价:36.00元　　　　　　　　　　　　　　版权所有　违者必究

编写人员名单

主编

黎海红（山东商务职业学院）

袁　磊（山东商务职业学院）

林　洁（山东商务职业学院）

副主编

高维锡（烟台职业学院）

陈　健（烟台工程职业技术学院）

李　华（烟台职业学院）

刘鹏莉（烟台职业学院）

吴海鸣（山东商务职业学院）

姜　洪（山东省粮油检测中心）

任凌云（山东省粮油检测中心）

董　楠（青岛元信检测技术有限公司）

编者（以姓氏笔画为序）

卫晓英（山东商务职业学院）

王　真（山东商务职业学院）

田晓花（山东商务职业学院）

伊小丽（山东商务职业学院）

李　林（烟台市食品药品检验检测中心）

周建征（烟台市食品药品检验检测中心）

赵　强（山东商务职业学院）

侯景芳（山东商务职业学院）

宫群英（烟台市食品药品检验检测中心）

前言

随着科学技术的迅猛发展，技术手段不断改进，实验仪器装备更新加快，对实验室人员素质的要求也不断提高。另外，实验室安全工作复杂艰巨，在实验室安全事故时有发生的当下，人身安全已成为实验室安全工作的重中之重。在此情况下，实验室从业人员的安全意识成为首先要具备的基本素质，实验室人员的管理与安全培训亟待加强。在这一背景下编写了《实验室安全与管理》教材。本教材具有如下特色：

（1）在内容设计上以案例引出问题，以问题引出解决办法，提高学生的学习兴趣，培养其解决实际问题的能力及创新能力，为在以后的工作中接受管理和参与管理等打好基础。

（2）把课程内容与思政教育目标有效对接，挖掘拓展教学资源，使学习者在学习过程中逐步树立正确的人生观、世界观、价值观，具备优秀的道德品质和良好的职业素养。

（3）校企合作共同编写内容，贴近企业应用，满足对教材实用性、先进性的要求，内容与岗位需求相结合，缩短了学习者与岗位要求之间的差距，并且可以作为企业新员工的培训资料。

本教材在编写过程中参考了国内外近年来的相关资料，在此对相关人员表示诚挚的谢意！

由于编者水平有限，书中难免有疏漏之处，恳请同行和读者批评指正。

编者
2022 年 1 月

目 录

项目一 实验室规划设计与建设 —————————————————— 1

任务一 实验室的规划设计 1
一、实验室设计的内容和过程 2
二、实验室布局规划 10
任务二 实验室的基础设施建设 14
一、基本实验室的基础设施建设 14
二、精密仪器室的基础设施建设 18
三、辅助室的设施建设 20
四、实验室的工程管网布置与公用设施建设 21
【课后小测】 23

项目二 实验室组织管理 —————————————————————— 24

任务一 实验室组织机构设置和实验室机构职责 24
一、实验室组织机构设置 24
二、实验室机构职责 26
任务二 实验室人员管理 31
一、实验室人员配备 31
二、实验室人员组织管理 32
【课后小测】 33

项目三 实验室仪器设备管理 ———————————————————— 35

任务一 实验室仪器设备管理流程和采购管理 35
一、实验室仪器设备管理流程 36
二、实验室仪器设备采购管理 37
任务二 实验室仪器设备的一般管理 42
一、实验室仪器设备日常管理 42
二、常用玻璃仪器日常管理 45
三、计算机自动化设备及软件管理 46
【课后小测】 49

项目四 实验室试剂管理 —————————————————————— 51

任务一 实验室试剂的分级和包装 51
一、化学试剂的概念 51
二、化学试剂的分级 52
三、化学试剂的包装 52
任务二 实验室试剂管理 53
一、实验室一般试剂管理 53
二、实验室危险试剂管理 55
三、实验室标准物质管理 58
【课后小测】 60

项目五　实验室安全管理 —— 61

任务一　实验室安全一般管理　62
一、实验室潜在的危险因素　62
二、实验室基本安全守则　63
三、实验室常用安全标识　63
四、实验室档案管理　65

任务二　实验室消防安全管理　68
一、消防法律法规的相关规定　68
二、实验室火灾的发生、危害和预防　68
三、灭火的基本原理和常用方法　76
四、实验室火灾的扑救和疏散　78

任务三　实验室其他安全事故的发生和预防　81
一、用电安全和触电预防　81
二、用水安全和危害预防　83
三、化学性伤害的发生和预防　83
四、设备安全和危害预防　90
五、实验室机械伤害事故的发生及预防　92

任务四　实验室伤害事故应急救援　93
一、常见人员伤害事故的紧急处理原则　93
二、常见人身伤害的急救措施　93
三、眼部外伤的防护和急救　98

任务五　实验室环境安全管理　99
一、实验室废物回收利用和处置管理　99
二、实验室的清洁卫生管理　103

【课后小测】　103

项目六　实验室质量管理 —— 106

任务一　实验室质量管理体系　106
一、质量和质量管理术语　106
二、产品质量与工作质量　107
三、现代质量管理体系　108

任务二　实验室质量管理　111
一、实验室在生产中的质量职能　112
二、质量检验在质量管理中的作用　112
三、实验室质量体系的运作　113

【课后小测】　114

项目七　实验室认证认可 —— 115

任务一　实验室认证认可准备　115
一、实验室认可的意义　115
二、实验室认证认可的作用　116
三、资质认定和实验室认可的区别与联系　116
四、实验室认可的基本条件　117
五、实验室认可的基本程序　118

任务二　实验室认证认可现场评审　119
一、现场评审的类型　119
二、现场评审的准备　120
三、现场评审的实施　121
四、现场评审的整改　124

【课后小测】　125

课后小测答案 —— 126

附录 —— 131
附录一　常用数据　131
附录二　高等学校实验室安全检查项目表（2021）　134

参考文献 —— 150

项目一
实验室规划设计与建设

 学习目标

知识目标:
1. 了解实验室设计与建设规划的内容与过程;
2. 掌握实验室建筑设计、环境设计、布局设计和安全设计的要求;
3. 掌握不同实验室的建筑设计及对基础设施建设的要求。

能力目标:
1. 能绘制、简单分析检验实验室建筑平面设计图;
2. 能根据实验室设计及基础设施的基本建设要求,设计不同功能的常见分析检验实验室平面图,并加以文字说明;
3. 能合理规划和设计多个不同功能实验室的整体布局,并加以文字说明。

思政目标:
1. 具备严谨求实的科学作风;
2. 具备分析问题、解决问题的能力;
3. 具备绿色环保、可持续发展理念。

 案例引入

某公司要建一个石油库实验室,建筑面积:15m×15m。
要求:接待室1个,办公室1个,样品间1个,试剂间1个,实验室1间。
仪器:闪点测定仪、多功能低温测定仪、色谱仪、天平、氧化安定性测定仪、水分测定仪等20多台设备。
作为实验室管理人员,应该从哪些方面入手来完成此项任务呢?

任务一 实验室的规划设计

实验室大致可分为研究机构中的分析室和生产企业中的实验室。尽管其工作性质有明显的不同,但是就实验室本身而言,并没有什么原则差别。

无论是新建、扩建,还是改建实验室,不仅要选购合理的仪器设备,还要综合考虑实验

室的总体规划、合理布局和平面设计,以及供电、供水、供气、通风、空气净化等基础设施和基本条件。因此,实验室的规划建设是一项复杂的系统工程,在现代实验室里,先进的科学仪器和优越完善的实验条件是提升现代化科技水平,促进科研成果增长的必备条件。

一、实验室设计的内容和过程

建造实验室,从拟定计划到建成使用,一般有编制计划任务书、选择和勘探基地、设计、施工以及交付使用后的回访等几个阶段。设计工作是其中比较重要的过程,它不仅要严格执行国家相关的基本建设规划,而且还要具体贯彻对于实验室的整体建设思路和理念。

(一)实验室设计的主要内容

实验室的设计一般包括实验室建设设计、结构设计和设备设计等几部分。它们之间既有分工,又有紧密的配合。由于建筑设计是建筑功能、工程技术和建筑艺术的综合,因此必须综合考虑建筑、结构、设备等工种的要求,以及这些工种的相互联系和制约。

建筑设计的主要依据文件有:主管部门有关建设任务使用说明、建筑面积、单方造价和总投资的批文,国家有关部委或省(自治区、直辖市)、市、地区规定的有关设计定额和指标,以及工程设计任务书、城建部门同意设计的批文、委托设计工程项目等相关文件。此外,设计单位在接受委托设计该工程项目后,还要通过大量的调研,收集必要的原始数据和勘探设计资料,综合考虑总体规划、基地环境、功能要求、结构施工、材料设备、建筑经济以及建筑艺术等多方面的问题进行设计,并绘制成实验室的建筑图纸,编写主要意图说明书与图纸,编写各实验室的计算书、说明书以及概算和预算书。

(二)实验室建筑设计的过程和设计阶段

在具体进行实验室建筑平面、立面、剖面的设计前,需要有一个准备过程,以做好熟悉任务书和调查研究等一系列必要的准备。实验室的建筑设计一般分为初步设计、技术设计和施工图设计三个阶段。

1. 设计前的准备工作

(1)熟悉设计任务书。在具体着手设计前,首先需要熟悉设计任务书,以明确实验室建设项目的设计要求。设计任务书的内容主要有:

① 实验室建设项目总的要求和建造目的的说明。

② 各实验室的具体使用要求、建筑面积以及各类实验室之间的面积分配,实验室建筑的总投资和单方造价,并说明土建费用、房屋设备费用以及道路等室外设施费用情况。

③ 实验室基地范围、大小,周围原有建筑、道路、地段环境的描述,并附有地形测量图。

④ 供电、供水、采暖、空调等设备的要求,并附有水源、电源接用许可文件。

⑤ 对废气、废水、废渣、噪声、辐射、震动等公害的技术处理要求。

⑥ 设计期限和实验室项目的建设进程要求。设计人员应对照有关定额指标校核任务书中单方造价、房间使用面积等内容,在设计过程中必须严格执行建筑标准、用地范围、面积指标等有关限额。设计人员在深入调查和分析设计任务以后,从合理解决使用面积、满足技术要求、节约投资等方面考虑,或从建设基地的具体条件出发,也可对任务书中一些内容提出补充或修改,但必须征得建设单位的同意,涉及用地、造价、使用面积的,还必须经城建部门或主管部门批准。

（2）收集必要的设计原始数据。通常实验室建设单位提出的设计任务，主要是从自身要求、建筑规模、造价和建设进度等方面考虑的。实验室的设计和建造，还需要收集下列有关原始数据和设计资料：

① 气象资料。所在地区的温度、湿度、日照、雨雪、风向和风速，以及冻土深度等。

② 基地地形及地质水文资料。基地地形标高、土壤种类及承载力，地下水位以及地震烈度。

③ 水电等设备管线资料。基地地下的给水、排水、电缆等管线布置情况以及基地上的架空线路情况。

④ 设计项目的有关定额指标。国家或所在省、市、地区有关实验室设计项目的定额指标，例如实验室的面积定额、建筑用地、用材等指标。

（3）设计前的调查研究。设计前调查研究的主要内容如下：

① 各实验室的使用要求。深入访问有实践经验的人员，认真调查同类已建实验室的实际使用情况，通过分析和总结，对所设计房屋的使用要求做到"心中有数"。

② 建筑材料供应和结构施工等技术条件。了解设计实验室所在地区建筑材料供应的品种、规格、价格等情况，预制混凝土制品以及门窗的种类和规格，新型建筑材料的性能、价格以及采用的可能性。结合实验室的使用要求和建筑空间组合的特点，了解并分析不同结构方案的选型，以及当地施工技术和起重、运输等设备条件。

③ 基地勘探。根据城建部门划定的设计实验室基地的图样进行现场勘探，深入了解基地和周围环境的历史及现状，核对已有资料与基地现状是否符合，若有出入则给予补充或修正。从基地的地形、方位、面积和形状等条件，以及基地周围原有建筑、道路、绿化等多方面的因素，考虑拟建实验室的位置和总平面布局。

④ 当地经验和生活习惯。传统建筑中有许多结合当地地理、气候条件的设计布局和创作经验，根据拟建实验室的具体情况，可以"取其精华"，以资借鉴。同时在建筑设计中，也要考虑到当地的生活习惯以及人们乐于接受的建筑形象。

（4）学习其他有关方针政策，以及同类型设计的文字、图样说明。

2. 初步设计阶段

初步设计是实验室建筑设计的第一阶段。它的主要任务是提出设计方案，即在已定的基地范围，按照设计任务书所拟定的实验室使用要求，综合考虑技术、经济条件和建筑艺术方面的要求，提出设计方案。

初步设计的内容包括确定实验室的组合方式，选定所用建筑材料和结构方案，确定实验室在基地的位置，说明设计意图，分析设计方案在技术上、经济上的合理性，并提出概算书。初步设计的图样和设计文件如下：

（1）建筑总平面。比例尺为 1：500～1：2000（实验室在基地上的位置、标高，以及基地上设施的布置和说明）。

（2）各层平面及主要剖面、立面。比例尺为 1：100～1：200，标出各实验室的主要尺寸，实验室的面积、高度以及门窗位置，部分实验室室内用具和设备的布置情况。

（3）说明书设计方案的主要意图，主要结构方案及构造特点，以及主要技术经济指标等。

（4）建筑概算书。

（5）根据设计任务的需要，可以附上建筑透视图或建筑模型。

建筑初步设计有时可有几个方案进行比较，审核后经有关部门协议并确定方案批准下达后，这一方案便是二级阶段设计时的施工准备、材料设备订货、施工图编制以及基建拨款等的依据文件。

3. 技术设计阶段

技术设计是三阶段建筑设计的中间阶段。它的主要任务是在初步设计的基础上，进一步确定各实验室之间的技术问题。

技术设计的内容为各实验室相互提供资料，提出要求，并共同研究和协调编制拟建各实验室的图样和说明书，为各实验室编制施工图打下基础。在三阶段设计中，经过送审并批准的技术设计图样和说明书等，是施工图编制、主要材料设备订货以及基建拨款的依据文件。

技术设计的图样和设计文件，要求实验室建筑的图样标明与技术工种有关的详细尺寸，并编制实验室建筑部分的技术说明书，结构工种应有实验室结构方案图，并附初步计算说明，仪器设备也应提供相应的设备图样及说明书。

对于不太复杂的实验室工程，技术设计阶段可以省略，把这个阶段的一部分工作纳入初步设计阶段，称为"扩大初步设计"，另一部分工作则留待施工图设计阶段进行。

4. 施工图设计阶段

施工图设计是实验室建筑设计的最后阶段。它的主要任务是满足施工要求，即在初步设计或技术设计的基础上，综合建筑、结构、设备各工种，相互交底、核实核对，深入了解材料供应、施工技术、设备等条件，把满足实验室工程施工的各项具体要求反映在图样中，做到整套图样齐全统一、明确无误。

施工图设计的内容包括：确定全部工程尺寸和用料，绘制实验室建筑、结构、设备等全部施工图样，编制实验室工程说明书、结构计算书和预算书。

施工图设计的图样及设计文件如下：

（1）建筑总面积，比例尺为1：500，当实验室建筑基地范围较大时，也可用1：1000、1：2000，应详细标明基地上实验室建筑物、道路、设施等所在位置的尺寸、标高，并附说明。

（2）各层实验室建筑平面、各个立面及必要的剖面，比例尺为1：100~1：200。

（3）实验室建筑结构节点详图。根据需要可采用1：1、1：5、1：10、1：20等比例尺，主要为檐口、墙身和各构件的连接点，楼梯、门窗以及各部分的装饰大样等。

（4）各实验室工种相应配套的施工图，如基础平面图和基础详图，楼板及屋顶平面图和详图，结构构造节点详图等结构施工图，给排水、电器照明及暖气或空气调节等设备施工图。

（5）实验室建筑、结构及设备等的说明书。

（6）结构及设备的计算书。

（7）实验室工程的预算书。

满足实验室的各种功能要求，为实验创造良好的环境，是实验室建筑设计的首要任务。针对各实验室提出的具体方案要求，然后再对实验室进行设计和施工。

（三）实验室设计方案要求

1. 实验室名称

（1）实验室房间名称。如理化检验实验室、感官检验实验室、微生物检验实验室、天平室、精密仪器实验室、计算机实验室、储藏室等。

（2）房间数量。即同一类同用途的实验室需要几间，如果理化检验实验室需要3间，就标明"3"。

（3）使用面积。每间使用面积的大小往往与建筑模数联系起来，应根据当地的施工条件，确定采用何种模数及何种结构、形式比较符合实际。例如，采用模数为6m×7m的柱网，则每间使用面积可填40m^2。

2. 实验室建筑要求

（1）实验室房间的位置要求

① 底层。实验室设备重量较大或要求防震的房间，可设置在底层。

② 楼层。应根据实验室工作要求选择楼层，大型设备应考虑楼层的承重能力。

③ 朝向。有些辅助实验室房间或实验室本身要求朝北，多数实验室要求朝南，这就需要具体研究，综合平衡。

（2）实验室房间要求

① 洁净。在进行实验时要求房间内达到一定的洁净要求。

② 耐火。在设计中应设置耐火区，如高温室等。

③ 安静。实验室中应安静，如设置消声室等。

（3）实验室房间尺寸要求

如果按建筑模数排列各实验室，就应按模数的倍数填写长、宽、高。如果实验室要求空气调节必须吊顶，则层高就相应地增加。有些实验室属于特殊类型，应采用单独的尺寸。

（4）实验室门的要求

① 门的开向。内开，门向房间内开；外开，主要设置在有爆炸危险的房间内。

② 隔声。如有的实验室需要安静，要求设置隔声装置。

③ 保温。如冷藏室要求采用保温门。

④ 屏蔽。如防止电磁场的干扰，要求设置屏蔽门。

⑤ 自动门。

（5）实验室窗的要求

① 开启。指向外开启的窗扇。

② 固定。有洁净要求的实验室可以采用固定窗，以防止灰尘进入室内。

③ 部分开启。在一般情况下窗扇是关闭的，用空气调节系统进行换气，当检修或停电时，可以开启部分窗扇进行自然通风。

④ 双层窗。在寒冷地区或有空调要求的房间采用。

⑤ 遮阳。根据实验室的要求而定，有时需用水平遮阳，有时需用垂直遮阳，也可以采用窗帘、百叶窗等遮阳。

⑥ 屏蔽窗。

⑦ 隔声窗。

（6）实验室墙面的要求

① 一般要求。

② 可以冲洗。有的墙面要求清洁，可以冲洗。

③ 墙裙高度。离地面1.2～1.5m的墙面作墙裙，便于清洁。

④ 保温。冷藏室墙面要求隔热。

⑤ 耐酸碱。有的实验室在实验时有酸碱气体逸出，要求设计耐酸碱的油漆墙面。

⑥吸声。实验时产生的噪声会影响周围环境，因此墙面要用吸声材料。

⑦消声。实验时为避免声音反射或外界声音对实验造成影响，墙面要进行消声设计。

⑧屏蔽。外界各种电磁波对实验室内部实验有影响，或实验室内部发出各种电磁波对外界有影响，应采取屏蔽措施。

⑨色彩。根据实验室的要求和舒适的室内环境选用墙面色彩，墙面色彩的选用应该与地面、平顶、实验台等的色彩相协调。

（7）实验室地面的要求

①实验室应具备的一般要求。如平整、水电要求等。

②清洁、防滑、干燥等。

③防震。一种是实验本身所产生的震动，要求采取防震措施以免影响其他房间；另一种是实验本身或精密仪器本身所提出的防震要求。

④防放射性污染。

⑤防静电。

⑥隔声。

⑦架空。由于管线太多或架空的空间作为静压箱，设置架空地板，并提出架空高度。

（8）实验室吊顶的要求

①一般实验室不吊顶。

②在实验室的顶板下再吊顶，一般用于要求较高的实验室。

（9）实验室通风柜的要求。实验室常利用通风柜进行各种化学实验，通风柜的长度、宽度和高度应符合实验要求。

（10）实验室实验台的要求。实验台分为岛式实验台（实验台四边可用）、半岛式实验台（实验台三边可用）、靠墙式实验台和靠窗式实验台，实验台的长度、宽度、高度应符合要求。

（11）实验室固定壁柜的要求。固定壁柜一般为设置在墙与墙之间不能移动的柜子。

3. 实验室结构

根据荷载性质分为恒载和活荷载两类。恒载是作用在结构上不变的荷载，如结构自重、土重等；活荷载是作用在结构上的可变荷载，如各楼面活荷载、屋面活荷载、屋面积灰荷载、雪荷载及风荷载等。

（1）地面荷载。指底层地面荷载，即每平方米的面积内平均有多少千克物体。

（2）楼面荷载。指二层及二层以上的各层楼面荷载。

（3）屋面荷载。屋面上是否要上人，雪荷载有多少等。

（4）特殊设备附加荷载。有的实验室内有特别重的设备，必须注明设备的重量、尺寸大小以及标明设备轴心线距离墙的尺寸。

（5）防护墙厚度。有γ射线实验装置的建筑物，防护墙材料的选择以及其墙厚度的尺寸均应根据实验室的不同要求进行仔细考虑。

（6）地基钻探资料。在设计阶段，必须提供地基钻探资料，以便根据钻探资料进行基础设计。

（7）抗震要求。明确拟建实验室的地区是否属于地震区以及地震的等级。

4. 实验室采暖通风

应根据《工业建筑供暖通风与空气调节设计规范》（GB 50019—2015）规范、科学、合理地设计排风系统，进而达到实验室在设计上的安全、舒适、节能等目的。

（1）实验室采暖要求

① 蒸汽系统。采用蒸汽供暖的系统。

② 热水系统。采用热水供暖系统。

③ 温度。房间采暖的温度应符合要求。

（2）实验室通风的主要要求

① 自然通风。不设置机械通风系统。

② 单通风。靠机械排风。

③ 局部排风。若某一实验室产生有害气体或气味等，则需要局部排风。在有机械排风要求时，最好能提出每小时换气次数。

④ 空调。有些实验室要求恒温恒湿，采用空气调节系统可以保证实验室内的温度和湿度。应给出温度为多少摄氏度，允许温度差为正负多少摄氏度，相对湿度为多少。

⑤ 洁净要求。有些实验室的空气要求保持在一定的洁净度时，则需要提出洁净等级。

5. 实验室气体管道

根据需要选用气体管道，有些实验室需要气体量特别大时必须注明。气体管道分为氧气管道、惰性气体管道、压缩空气管道及天然气管道等。

6. 实验室给排水

（1）实验室给水的要求

① 冷水。即采用城市中的自来水或地下水。

② 热水。根据实验要求配备。

③ 去离子水。有些实验室需要去离子水。

④ 水温。要求多少摄氏度的水温。

⑤ 屋顶水箱。设置水箱，有些实验要求较高，要有一定的水压。有的城市水压不够，要设置水箱。

（2）实验室排水的要求

① 水温。注意实验时排出的水的温度为多少摄氏度。

② 若排水中有酸性物质，则应说明其浓度为多少，数量为多少；若排水有碱性物质，也应说明其浓度为多少，数量为多少。

③ 对于放射性同位素实验室的排水系统，应将长寿命和短寿命的核素废水分流，废水应从清洁区流向污染区；放射性核素排水管道的布置和铺设，管材、附件的选择，应符合《放射性同位素与射线装置安全和防护管理办法》（2011年4月18日中华人民共和国环境保护部令第18号）的相关规定。

④ 设置地漏。为方便，可以在实验室地面上设置一个排水口。

7. 实验室用电

（1）实验室照明用电的要求

① 日光灯。

② 白炽灯。

③ 标明要求工作面上的照度有多少勒克斯（lx）。

④ 安全照明。

⑤ 事故照明。指万一发生危险情况时需要的照明。

⑥ 明线。电线采用外露形式。

⑦ 暗线。电线采用暗装形式。

（2）实验室设备用电的要求

① 工艺设备用电量（kW）。按每台设备的功率提出数据。

② 供电电压。标明电压是多少伏特（V）。

③ 单向插座。标明插座的电流是多少安培（A）。

④ 三相插座。标明插座的电流是多少安培（A）。

⑤ 特殊设备。提出大型设备的用电要求。

⑥ 供电路数。根据实验的重要性，提出供电要求（指不能停电，要求电压稳定、频率稳定等）。

（3）实验室弱电的要求。针对现代化实验室的发展要求和科技发展趋势，建议主要房间都要设计多个网络通信端口和至少一个电话接口；还需要在主要通道位置设计摄像头进行实验室管理监控，有条件的可以每个房间设计，甚至重要精密仪器室需要加强摄像监控。

8. 实验室防雷

调查清楚实验室建设地点的雷击情况，提出防雷要求。

（四）各主要实验室对环境的设计要求

一般地说，实验室有"室内阴凉、通风良好、不潮湿，避免粉尘和有害气体侵入，并尽量远离震动源、噪声源等"的共同要求。不同功能的实验室由于实验性质不同，各实验室对环境有其特殊的要求。

1. 天平室

（1）天平室的温度、湿度要求

① 1、2级精度天平应工作在温度为（20±2）℃，温度波动不大于0.5℃/h，相对湿度为50%～60%的环境中。

② 分度值为0.001mg的3、4级天平，工作在温度为18～26℃，温度波动不大于0.5℃/h，相对湿度为50%～75%的环境中。

③ 一般生产企业实验室常用的3～5级天平，在称量精度要求不高的情况下，工作温度可以放宽到17～33℃，但温度波动仍不宜大于0.5℃/h，相对湿度可放宽至50%～90%。

④ 天平室安置在底层时应注意做好防潮工作。

⑤ 使用电子天平的实验室，天平室的温度应控制在（20±1）℃，且温度波动不大于0.5℃/h，以避免温度变化影响电子元件和仪器灵敏度，以确保称量的精确度。

（2）天平室设置应避免靠近受阳光直射的外墙，不宜靠近窗户安放天平，也不宜在室内安装暖气片及大功率灯泡（天平室应采用冷光源照明），以免因局部温度的不均衡而影响称量精度。

（3）当有无法避免的震动时，天平室应安装专用天平防震台。当环境震动功率和影响较大时，天平室宜安置在底层，以便于采取防震措施。

（4）天平室只能使用抽排气装置进行通风。

（5）天平室应专室专用，即使是精密仪器，也应安装玻璃屏墙分隔，以减少干扰。

2. 精密仪器实验室

（1）精密仪器价值昂贵、精密，多由光学材料和电器元件构成。因此，要求精密仪器室具有防火、防潮、防震、防腐蚀、防尘、防有害气体侵蚀的功能。精密仪器室应尽可能保持温度、湿度恒定，一般温度在 15～30℃，有条件的最好控制在 18～25℃，相对湿度在 60%～70%，需要恒温的仪器可装双层门窗及空调装置。

（2）大型精密仪器宜在专用实验室安装，一般应有独立平台（可另加玻璃墙分隔）。

（3）精密电子仪器及对电磁场敏感的仪器，应远离高压电线、大电流电网、输变电站（室）等强磁场，必要时加装电磁屏蔽。

（4）实验室地板材质应致密及防静电，一般不要使用地毯。

（5）大型精密仪器室的供电电压应稳定，并应设计有专用地线。

3. 化学分析实验室

（1）化学分析实验室内的温度要求比精密仪器实验室的要求略宽松（可放宽至35℃），但温度波动不能过大（≤2℃/h）。

（2）室内照明宜用柔和自然光，要避免直射阳光，当需要使用人工照明时，应注意避免光源色调对实验的干扰。

（3）室内应配备专用的给水和排水系统。

（4）分析室的建筑应耐火或用不易燃烧的材料建成，门应向外开，以利于发生意外时人员的撤离。

（5）由于实验过程中常产生有毒、易燃的气体，因此实验室要有良好的通风条件。

4. 加热室

（1）加热装置操作台应使用防火、耐热的不燃烧材料构筑，以保证安全。

（2）当有可能因热量散发而影响其他实验室工作时，应注意采取防热或隔热措施。

（3）设置专用排气系统，以排除试样加热、灼烧过程中排放的废气。

5. 无菌室

（1）无菌操作间的洁净度应达到10000级，室内温度保持在 20～24℃，相对湿度保持在 45%～60%，超净台洁净度应达到 100 级。

（2）无菌室外要设缓冲间、净化风淋间及更衣间。室内装备必须有空气过滤装置。入口避开走廊，并设在微生物检验室内，无菌室和缓冲间都必须密闭。

（3）无菌室与缓冲间应装有紫外灯，要求每 $3m^2$ 安装 30W 紫外灯一盏。无菌室内设工作台（中心与边台皆可），紫外灯距工作台面要小于 1.5m。

（4）无菌室结构应坚固、严密、防尘、光线明亮，地面采用 PVC 材料，防渗漏、无接缝、光洁、防滑，并设双层传递窗传递物件，门窗均为不锈钢材质。

6. 通风柜室

（1）室内应有机械通风装置，以排除有害气体，并有新鲜空气供给通道和足够的操作空间。

（2）通风柜室的门、窗不宜靠近天平室及精密仪器室的门窗。

（3）室内应配备专用的给水、排水设施，以便操作人员接触有毒害物质时能够及时清洗。

（4）本室可以附设于加热室或化学分析室，但排气系统应予以加强，以免废气干扰其他试验的进行。

7. 计算机室

（1）配备计算机的实验室或仪器，除了指明特殊要求的以外，一般使用温度可以控制在 15～25℃之间，波动应小于 2℃/h，湿度在 50%～60% 为宜。

（2）杜绝灰尘和有害气体，避免电场、磁场和震动干扰。

（3）计算机室对供电电压和频率有一定要求，可根据需要，选用不间断电源。

8. 试样制备室

（1）保证通风良好，避免热源、潮湿和杂物对试样的干扰。

（2）设置粉尘、废气的收集和排除装置，避免制样过程中的粉尘、废气等有害物质对其他试样的干扰。

9. 化学试剂的配制储存室

参照化学分析实验室条件，但需注意避免阳光曝晒，防止受强光照变质或受热蒸发，规模较小的实验室也可以附设于化学分析实验室内。

10. 感官检验室

可以参照化学分析实验室条件，某些有特殊温度、湿度要求者，则可按规定的温度、湿度条件控制。

11. 储藏室

储藏室分试剂储存室和仪器储存室，供存放非危险性化学药品和仪器使用，要求阴凉通风，避免阳光曝晒，且不靠近加热室、通风柜室。药品储藏室用于存放少量近期要用的化学药品，且要符合化学试剂的管理与安全存放条件。一般选择干燥、通风的北屋，门窗应坚固，避免阳光直接照射，门朝外开，室内应安装排气扇，采用防爆照明灯具。少量的危险品，可用铁皮柜或水泥柜分类隔离存放。

12. 危险物品储藏室

（1）通常设置于远离主建筑物、结构坚固并符合防火规范的专用库房内，应有防火门窗，通风良好，有足够的泄压面积。

（2）远离火源、热源，避免阳光曝晒。室内温度宜在30℃以下，相对湿度不应超过85%。

（3）采用防爆型照明灯具，备有消防器材，用自然光或冷光源照明。

（4）库房内应使用不燃烧材料制作的防火间隔、储物架，储存腐蚀性物品的柜、架应进行防腐蚀处理。

（5）危险试剂应分类分别存放。挥发性试剂存放时，应避免相互干扰，并方便地排放其挥发物质。

（6）门窗应设遮阳板，并且朝外开。

二、实验室布局规划

（一）实验室建筑布局的规划

1. 实验室的尺寸要求

（1）平面尺寸要求。实验室的平面尺寸主要取决于实验工作的要求，并考虑安全和发展的需要等因素。例如实验台、仪器设备的放置和运行空间，通常情况下，岛式实验台宽度为1.2～1.8m（带工程网时不小于1.4m），靠墙的实验台宽度为0.75～0.9m（带工程网时可增加0.1m），靠墙的储物架宽度为0.3～0.5m。实验台的长度一般是宽度的1.53倍。通道方面，实验台间通道宽度一般为1.5～2.1m，岛式实验台与外墙窗户的距离一般为0.8m。

（2）实验室的高度尺寸

① 一般功能实验室。操作空间高度不应小于 2.5m，考虑到建筑结构、通风设备、照明设施及工程管网等因素，新建的实验室，建筑楼层高度采用 3.6m 或 3.9m。

② 专用电子计算机室。工作空间净高一般要求为 2.6～3m，加上架空地板（高度约为 0.4m，用于安装通风管道、电缆等）以及装修等因素，建筑高度高于一般实验室。

2. 走廊要求

（1）单面走廊。适用于狭长的条形建筑物，单面走廊净宽为 1.5m 左右。

（2）双面走廊。适用于长而宽的建筑物，中间为走廊，净宽为 1.82m，当走廊上空布置有通风管道或其他管道时，应加宽为 2.4～3.0m，以保证各个实验室的通风要求。

（3）检修走廊。净宽一般为 1.5～2.0m。

（4）安全走廊。安全要求较高的实验室需设置安全走廊，一般在建筑物外侧建安全走廊，以便于紧急疏散，宽度一般为 1.2m。

3. 建筑模数要求

（1）开间模数要求。实验室的开间模数主要取决于实验人员活动空间以及工程管网合理布置的必需尺度。对于目前常用的框架结构，开间尺寸比较灵活，常用的"柱距"为 4.0m、4.5m、6.0m、6.5m、7.2m 等，一般旧式的混合结构的"柱距"为 3.0m、3.3m、3.6m。

（2）进深模数要求。实验室的进深模数取决于实验台的长度和其布置形式（即采用岛式还是半岛式实验台），还取决于通风柜的布置形式。目前采用的进深模数有 6.0m、6.7m、7.2m 或 8.4m 等。

（3）层高模数要求。实验室层高是指相邻两楼板之间的高度，净高是指楼板底面至楼板面的距离，一般层高采用 3.6～4.2m。实验室开间与建筑模数如图 1-1 所示。

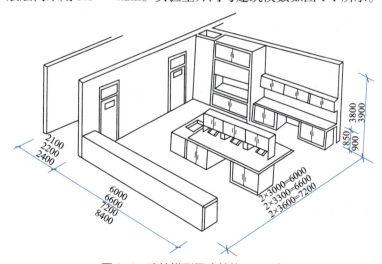

图 1-1　建筑模型图（单位：mm）

4. 实验室的朝向

实验室一般应取南北朝向，并避免在东西向（尤其是西向）的墙上开门和窗户，以防止阳光直射实验室内的仪器和试剂，影响实验工作的进行。若条件不允许或取南北朝向后仍有阳光直射室内，则应设计局部"遮阳"或采取其他补救措施。在室内布局设计的时候，也要考虑朝向的影响。

5. 建筑结构和楼面载荷

（1）实验室宜采用钢筋混凝土框架结构，可以方便地调整房间间隔及安装设备，并具有较高的载荷能力。对于旧有楼房改建的实验室，必须注意楼板的承载能力，必要时应采取加强措施。

（2）根据 GB 50009—2012《建筑结构荷载规范》对实验室载荷的要求，标准值一般取 2.0kPa。此要求可以满足一般实验室的使用要求，但是对于一些特殊实验室，如包含试生产设备的实验室，拥有较多储水设备的实验室，重型箱体设备集中的实验室等，在设计时需要考虑增加局部载荷标准。当需要载荷量较大而采取加强措施又不太经济时，实验室应安置在底层。

（3）在非专门设计的楼房内，实验室宜安排在较低的楼层。

（4）实验室应使用"不脱落"的墙壁涂料，也可以镶嵌瓷片（或墙砖），以避免墙灰掉落。

（5）实验室的操作台及地面应作防腐处理。

6. 实验室建筑的防火

一般性的消防要求可以参照 GB 50016—2014（2018修订版）《建筑设计防火规范》。特殊要求如下：

（1）实验室建筑的耐火等级应取一、二级，吊顶、隔墙及装修材料应采用防火材料。

（2）疏散楼梯。位于两个楼梯之间的实验室的门至楼梯间的最大距离为30m，走廊末端的实验室的门至楼梯间的最大距离为15m。

（3）走廊净宽。走廊净宽要满足安全疏散要求，单面走廊净宽最小为1.3m，中间走廊净宽最小为1.4m。不允许在实验室走廊上堆放药品柜及其他实验设施。

（4）安全走廊。为确保人员安全疏散，专用的安全走廊净宽应达到1.2m。

（5）实验室的出入口。单开间实验室的门可以设置一个，双开间以上的实验室的门应设置两个出入口，如不能全部通向走廊，其中之一可以通向邻室，或在隔墙上留有安全出入的通道。

7. 采光和照明

精密实验室的工作室，采光系数应取0.2～0.25（或更大），当采用电气照明时，其照度应达到150～200lx（勒克斯）。一般工作室采光系数可取0.1～0.12，电气照明的照度为80～100lx。具有感光性试剂的实验室，在采光和照明设计时可以加滤光装置，以削弱紫外线的影响。凡可能引发危险的照明系统，或有强腐蚀性气体的环境的照明系统，在设计时均应采取相应的防护措施，如使用防爆灯具等。

（二）实验室防震规划

1. 环境震源

（1）环境震源的分类

① 自然震源。由大自然中的事物自然运动引起的地表震动，如风、海浪和地壳内部变动等因素引起的震动。自然震源的震幅一般情况下对实验室的仪器设备基本上不发生影响。

② 人工震源。由机械冲击、车辆运行等人为因素引起的地表震动称为"人工震源"，震动常由地表传播，震幅相对较大，其中近场震源和远场震源对仪器的影响情况也各不相同。

人们把自然震源与人工震源合称为"环境震源"，而在实际工作中对实验影响最大的还是近场的人工震源。

（2）实验仪器和设备的"允许震动"。在保证仪器设备能够正常工作并达到规定的测量精度的情况下，加上安全系数的考虑后，在其支承结构表面上所容许的最大震动值，称为"允许震动"。

2. 实验室设计的防震

由于不同的环境震源对实验室仪器设备的影响各不相同，因此在进行实验室设计的时候，必须根据震源的性质差异采取不同的防震措施，具体选择方法如下所述。

① 在选址实验室的建设基地时，应注意尽量远离震源较大的交通干线和生产区域，以便减少或避免震动对实验室的干扰。

② 在总体布置中，应将所在区域内震源较大的车间（如空气压缩站、锻工车间等）合理地布置在远离实验室的地方，此外还应注意压缩机活塞的运动方向，实验室应平行于活塞的冲程方向，如与其垂直，则震动影响将大大增强。如隔震距离达不到要求时，还可以采取其他防震措施，如挖开防震沟，仪器设独立的基础。实验室内安装仪器设备工作台要稳固，必要时加橡胶防震器。

③ 在总体布置中，应尽可能利用自然地形，以减少震动的影响。如可利用河流将产生震动的建筑物和实验室隔开。如地面有起伏，可将产生震动的建筑物放在低处利用土堆减小影响。如地面高度差在2m以上时，则可将产生震动的建筑物布置在高处，震动由上往下传播，震动波经过土层而衰减，此时可适当减少水平防震间距。

④ 在总体布置及进行实验室单体建筑的初步设计时，应先考察所在区域内的震源特点，经全面考虑，采取适当的"隔震措施"以清除震源的不良影响。

3. 实验楼和实验室的隔震

（1）实验楼整体的隔震措施

① 当附近的震动较大时，构筑防震沟可以有效地隔断或削弱近场震源的影响。

② 在总体设计时，采取在建筑物四周用玻璃棉作隔震材料，使实验室与室外地表面隔绝，以阻止地面波的影响。这种做法比人工防震沟或挖防震河更简单、卫生，同时也比较经济。

③ 实验楼内的动力设备房间与实验室相邻时，可设置伸缩缝或沉降缝，也可用抗震缝将动力设备房间与实验室隔开，这样对震动有一定的阻隔效果。

（2）实验楼内部的隔震措施。实验楼内部的隔震措施包括消极隔震措施和积极隔震措施两种。

消极隔震就是为了减少支承结构的震动传导对精密仪器和设备的影响而采取的隔震措施。消极隔震一般可采用以下两种措施：

① 支承式隔震措施。这种形式采用减震器或减震垫，可设计自震频率，最低至3～4Hz，一般适用于外界干扰频率较高的场合，这是使用较多的一种措施。

② 悬吊式隔震措施。这种形式构造较复杂，可设计自震频率，最低可达1～2Hz，适用于对水平震动要求较高、仪器设备自身没有干扰震动、外界干扰频率又较低的场合。

积极隔震是为了减少设备产生的震动对支承结构和实验人员造成的影响，而对实验楼内产生较大震动的动力设备所采取的隔震措施。可从以下3个方面进行处理：

① 一般采用放宽设备基础底面积或加深基础，或用人工地基的方法来加强地基刚度。

② 在设备基础中加上隔震装置，隔断或削弱震动输出。

③ 建造"隔震地坪",在建筑物底层的精密仪器实验室及其他防震要求较高的房间里,构筑质量较大的整体地坪,其下铺垫粗砂及适当的隔震材料,周围再用泡沫塑料等具有减震和缓冲性的物质使地坪与墙体隔开,作用相当于"室内防震沟"。

(三) 实验室的平面系数

在设计过程中经常碰到总建筑面积、建筑面积、辅助面积及平面系数（K 值）等指标。

总建筑面积是指几幢实验室建筑面积之和。

建筑面积为一幢实验室大楼各层外墙外围的水平面积之和（包括地下室、技术层、屋顶通风机房、电梯间等）。

使用面积是指实际有效的面积。

辅助面积是指大厅、走廊、电梯、卫生间、管道竖井、墙厚、柱子等面积之和。平面系数 = 使用面积 / 建筑面积,其中,使用面积 = 建筑面积 − 辅助面积。

任务二 实验室的基础设施建设

实验室的基础设施建设主要包括基本实验室的基础设施建设、精密仪器室的基础设施建设和辅助室的基础设施建设三部分。根据实验室功能及工作环境要求的不同,基础设施建设的内容与标准也有不同。

一、基本实验室的基础设施建设

(一) 基本实验室的室内布置

基本实验室内的基础设施有：实验台与洗涤池,通风柜与管道检修井,带试剂架的工作台或辅助工作台,药品橱以及仪器设备等。

1. 实验台的布置方式

实验室一般采用岛式、半岛式实验台。

对于岛式实验台,实验人员可以在四周自由行动,在使用中是比较理想的一种布置形式。其缺点是占地面积比半岛式实验台大,另外实验台上配管的引入比较麻烦。

半岛式实验台有两种：一种为靠外墙设置；另外一种为靠内墙设置。半岛式实验台的配管可直接从管道检修井或从靠墙立管直接引入,这样不但避免了岛式实验台的不利因素,又省去一些走道面积。靠外墙半岛式实验台的配管可通过水平管接到靠外墙立管或管道井内。靠内墙半岛式实验台的缺点是自然采光较差。为了在工作发生危险时易于疏散,实验台间的走道应全部通向走廊。

由此可见,岛式实验台虽然使用上比半岛式实验台理想,但总体来看,半岛式实验台设计比较有利。

2. 实验台的规格

实验台一般有两种：单面实验台（或称靠墙实验台）和双面实验台（包括岛式实验台和半岛式实验台）。在实验工作中,双面实验台的应用比较广泛。实验台的尺寸一般如下要求。

① 长度。实验人员所需用的实验台长度，由于实验性质的不同，其差别很大，一般根据实际需要选取其宽度的 1.5～3 倍。

② 台面高度。一般选取 850mm。

③ 宽度。实验台的每面净宽一般考虑 650mm，最小不应小于 600mm，台上如有复杂的实验装置也可取 700mm，台面上药品架部分可考虑宽 200～330mm。一般双面实验台采用 1500mm，单面实验台为 650～850mm。

3. 实验台的结构形式

实验台的结构形式包括全钢结构实验台、钢木结构实验台、铝木结构实验台、全木结构实验台、PP（聚丙烯）结构实验台等不同种类，目前市场上以全钢结构实验台和钢木结构实验台应用最为广泛。实验台的结构形式如图 1-2 所示。

图 1-2　实验台的结构形式

全钢结构实验台具备承重性能好、使用寿命长和性价比优良等优点，近年来市场发展很快，是未来国内实验室的发展趋势。全钢结构实验台整体采用电脑辅助设计、数控制造，为单元体结构，制造精确度高，可以随意搭配、组装方便、适应性强。实验操作台整体以 1.2mm 厚一级冷轧-镀锌钢板为基材，全自动压模成型；表面经过磷化、酸洗，再通过环氧树脂粉末烤漆处理，无突出漆块，光洁亮丽，耐强酸、强碱性能突出。

钢木结构实验台是选用钢材和木材做成的实验台，钢木结构实验台包含两种结构：一种是 C-frame 型，一种是 H-frame 型。C-frame 型结构简单，灵活多变，可以随意组合，选用悬柜和推柜式结构，便于安装拆卸，有利于实验室清洁工作；H-frame 型结构端庄大方，承重性能好，其钢架结构使得实验台承重能达到 500kg 以上，可满足大型精密仪器的使用要求。

4. 实验台的台面

实验台的台面要求耐酸碱腐蚀、耐高温、耐撞击等。台面应比下面的器皿柜宽，台面四周可设有小凸缘，以防止台面冲洗时的水或台面上的药液外溢。常见的台面有如下几种。

① 环氧树脂板。环氧树脂板又叫绝缘板、环氧板、3240 环氧板，其具有黏附力强、收缩性强、力学性能和电性能优良、化学稳定性强、耐久性突出、耐腐蚀、耐霉菌等诸多优点。

② 实心理化板。实心理化板可独立使用而不需粘贴在任何基材上，相比贴面板，具有强度更高，防水，美观，成本较低，抗撞击，耐高温，耐刮磨，易清洁等特点，目前应用最为广泛。

③ 陶瓷板。采用氧化锆或氧化铝生产的陶瓷板具有极强的耐候性，无论日照、雨淋（甚至酸雨），还是潮气都对表面和基材没有任何影响。陶瓷板具有抗撞击、耐刮磨、易清洗、

防潮湿、防火、防静电、耐化学腐蚀等诸多优点，但成本较高。

④ 不锈钢板。不锈钢板一般是不锈钢板和耐酸钢板的总称。不锈钢板是指耐大气、蒸汽和水等弱介质腐蚀的钢板，而耐酸钢板则是指耐酸、碱、盐等化学侵蚀性介质腐蚀的钢板。不锈钢板表面光滑，有较高的塑性、韧性和机械强度，耐酸、碱性气体，溶液和其他介质的腐蚀，沾污物容易去除，适用于放射性化学实验、有菌的生物化学实验和油料实验等。

5. 实验台的配套设施

化学实验台主要由台面和台下支座或器皿构成。为了实验操作方便，在台上常设有药品架、管线盒和洗涤池等配套设施。

① 管线通道、管线架与管线盒。实验台上的设施通常从地面以下或由管道井引入实验台中部的管线通道，然后再引出台面以供使用。管线通道的宽度通常为300～400mm，靠墙实验台为200mm。

② 药品架。药品架的宽度不宜过宽，一般以能并列两个中型试剂瓶（500mL）为宜，通常的宽度为200～330mm，靠墙药品架宜取200mm。

③ 实验台下的器皿柜。实验台下空间通常设有器皿柜，既可放置实验用品，又可满足实验人员坐在实验台边进行记录的需要。

④ 实验台的排水设备。通常包括洗涤池、台面排水槽等。

（二）基本实验室的通风系统

在实验过程中，经常会产生各种难闻的、有腐蚀性的、有毒的或易爆的气体，这些有害气体如不及时排出室外，就会造成室内空气污染，影响实验人员的健康与安全，影响仪器设备的精确度和使用寿命。

实验室的通风方式有两种，即局部排风和全室通风。局部排风是有害物质产生后立即就近排出，这种方式能以较少的风量排走大量的有害物，效果比较理想，所以在实验室中广泛地被采用。对于有些实验不能使用局部排风，或者局部排风满足不了要求时，应该采用全室通风。

1. 通风柜

通风柜是实验室中最常用的一种局部排风设备，种类繁多，由于其结构不同，使用的条件不同，其排风效果也各不相同。

（1）通风柜的种类

① 顶抽式通风柜。这种通风柜的特点是结构简单、制造方便，因此在过去使用的通风柜中是最常见的一种。

② 狭缝式通风柜。狭缝式通风柜是在其顶部和后侧设有排风狭缝，后侧部分的狭缝，有的设置一条（在下部），有的设置两条（在中部和下部）。

③ 供气式通风柜。这种通风柜是把占总排风量70%左右的空气送到操作口，或送到通风柜内，专供排风使用，其余30%左右的空气由室内空气补充。供给的空气可根据实验要求来决定是否需要处理（如净化、加热等）。由于供气式通风柜排走室内空气很少，因此对于有空调系统的实验室或洁净实验室，采用这种通风柜是很理想的。

④ 自然通风式通风柜。这种通风柜是利用热压原理进行排风的，其排气效果主要取决于通风柜内与室外空气的温差、排风管的高度和系统的阻力等。为此，这种通风柜一般都用于加热的场合。

⑤ 活动式通风柜。其实验工作台、洗涤池、通风柜设备都可随时移动，不用时也可推入邻近的储藏室。

（2）实验室内通风柜的平面布置。通风柜在实验室内的位置，对通风效果、室内的气流方向都有很大的影响。下面介绍几种通风柜的布置方案。

① 靠墙布置。这是最为常用的一种布置方式。通风柜通常与管道井或走廊侧墙相接，这样可以减少排风管的长度，而且便于隐藏管道，使室内整洁。

② 嵌墙布置。两个相邻的房间内，通风柜可分别嵌在隔墙内，排风管道也可布置在墙内，这种布置方式有利于室内整洁。

③ 独立布置。在大型实验室内，可设置四面均可观看的通风柜。

此外，对于有空调的实验室或洁净室，通风柜宜布置在气流的下风向，这样既不干扰室内的气流组织，又有利于室内被污染的空气排走。

（3）排风系统的划分。通风柜的排风系统可分为集中式和分散式两种。

① 集中式排风系统是把一层楼面或几层楼面的通风柜组成一个系统，或者整个实验楼分成一两个系统。它的特点是通风机少，设备投资省。

② 分散式排风系统是把一个通风柜或同一实验室的几个通风柜组成一个排风系统。它的特点是可根据通风柜的工作需要来开关通风机，相互不受干扰，容易达到预定的效果，而且比集中式节省能源，缺点是通风机的数量多、系统多。

排风系统的通风机，一般都装在屋顶上或顶层的通风机房内，这样可不占使用面积，而且使室内的排风管道处于负压状态，以免有害物质由于管道的腐蚀或损坏，或者由于管道不严密而渗入室内。此外，也有利于检修，易于消声或减震。

排风系统的有害物质排放高度，在一般情况下，如果附近 50m 以内没有较高建筑物，则排放高度应超过建筑物最高处 2m 以上，排风系统的管道安装如图 1-3 所示。

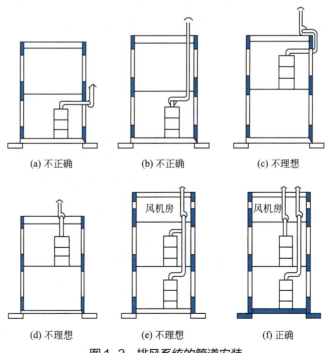

图 1-3　排风系统的管道安装

2. 排气罩

某些情况下由于实验设备装置较大，或者实验操作上的要求无法在通风柜中进行，但又要排走实验过程中散发的有害气体时，可采用排气罩，实验室常用的排气罩，大致有围挡式排气罩、侧吸罩和伞形罩3种形式。排气罩的布置应注意以下几点。

① 尽量靠近产生有害物的区域。

② 对于有害物不同的散发情况应采用不同的排气罩。如对于色谱仪，一般采用有围挡的排气罩；对于实验台面排风或槽口排风，可采用侧吸罩；对于加热槽，宜采用伞形罩。

③ 排气罩的安装要便于实验操作和设备的维护检修。

3. 全室通风

实验室及有关辅助实验室（如药品库、暗室及储藏室等），由于经常散发有害物，因此需要及时排除。当实验室内设有通风柜时，因为通风柜的排风量较大，往往超过室内换气要求，可不再设置通风设备；当室内不设通风柜而又须排除有害物时，应进行全室通风。全室通风的方式有自然通风和机械通风两种。

① 自然通风。主要是利用室内外的温度差，把室内有害气体排至室外。当依靠门窗让空气任意流动时，称为无组织自然通风，当依靠一定的进风口和出风竖井，让空气按所要求的方向流动时，称为有组织的自然通风。

② 机械通风。当使用自然通风满足不了室内换气要求时，应采用机械通风，尤其是危险品库、药品库等，尽管有了自然通风，为了防止事故进行通风，也必须采用机械通风。

二、精密仪器室的基础设施建设

精密仪器室主要设置有各种现代化的高精密度仪器，通常可与基本实验室一样沿外墙布置，并可将它们集中在某一区域内，这样有利于加强各实验室之间的联系并可统一考虑如空调、防护等方面的布置，同时应综合考虑仪器设备对温度、湿度、防尘、防震和噪声等的要求。

（一）天平室

1. 天平室的设计

天平是实验室必备的常用仪器。高精度天平对环境有一定要求，需要放置在专用的天平室里。天平室应靠近基本实验室，以方便使用，如基本实验室为多层建筑，应每层都设有天平室。天平室以北向为宜，还应远离震源，并不应与高温室和有较强电磁干扰的实验室相邻。高精度微量天平应安装在底层。

天平室应采用双层窗，以利于隔热防尘，高精度微量天平室应考虑有空调，但风速应小。天平室内一般不设置洗涤池或有任何管道穿过室内，以免管道渗漏、结露或在管道检修时影响天平的使用和维护。天平室应有一般照明和天平台上的局部照明，局部照明可设在墙上或防尘罩内。

2. 天平台的设计

实验室里常用的天平大都为台式。一般精度天平可以设在稳固的木台上；半微量天平可设在稳定的、不固定的防震工作台上，亦可设在固定的防震工作台上；高精度天平的天平台对防震的要求较高。

单面天平台的宽度一般采用 600mm，高度一般采用 750mm，天平台的长度可按每台天平占 800～1200mm 考虑。天平台可由台面、台座、台基等多个部分组成，有时在台面上还附加抗震座。

一般精密天平可采用 50～60mm 厚的混凝土台板，台面与台座（支座）间设置隔震材料，如隔震材料采用 50mm 厚的硬橡胶。高精度天平的部分台面可以考虑与台面的其余部分脱离，以消除台面上可能产生的震动对天平的影响。天平台经试用或测试尚不能完全符合实验要求时，可在台上附加减震座，也可采用特别的弹簧减震盒。

（二）高温室

高温炉与恒温箱是实验室的必备设备，一般设在工作台上，特大型的恒温箱则需落地设置。高温炉与恒温箱的工作台分开较好，因恒温箱大都较高大，工作台应稍低，可取 700mm 高，而高温炉可采用通常的 850mm 高的工作台。另外，恒温箱的型号较多，工作台的宽度应根据设备尺寸确定，通常取 800～1000mm 宽；而高温炉的尺度一般较小，可取 600～700mm 宽。

（三）低温室

低温室墙面、顶部、地面都应采取隔热措施，室内可设置冷冻设备。房间温度如保持在 4℃，则人可在里面进行短时间的工作，如温度很低（低于 -2℃），则这种房间仅适宜于储藏。

（四）防火室

防火室有两个主要用途：

① 凡连续长时间（超过 12h）使用燃烧炉或恒温箱的实验工作都应在防火室内进行，以防自动控制仪出故障，导致恒温箱爆炸、火灾等情况的发生。

② 凡大量使用易燃液体或溶剂，如乙醚等的实验，以及连续长时间的蒸馏工作，也应在防火室内进行。

防火室除了首先应满足实验的工艺要求外，与其他实验室房间的不同之处在于房间的结构设置：如采用实体楼板与顶棚；房间应靠外墙，所有隔墙应通到顶部结构层，并由砖或混凝土预制板砌筑，设置能自闭的防火门；房间要有第二安全出口；根据实验内容，应考虑烟、热检测装置及自动灭火装置；通风柜及其排风道应由耐火材料制成，而且风机在火警发生时能自动断路。房间里如有冷冻设备，应采用不产生火花的类型，高压电泳作业使用大量易燃液体时，应遵守防火规定中有关使用易燃液体的规定。

（五）离心机室

大型离心机会产生热量，同时也产生一定程度的噪声，因此常将实验室里较大的离心机集中在单独的房间里。根据离心机的数量按一定间距设置电源插座，室内应有机械通风，以排除离心机产生的热量。墙与门要有隔声措施，门的净宽应考虑到离心机的尺度，室内可按需要设工作台及洗涤池等设备。

（六）滴定室

滴定室是专门进行滴定操作的实验室，室内有专用的滴定台，台长可按每种滴定液以

0.5m 计。例如，工厂的中心实验室的滴定液种类大都在 10 种以上，那么滴定室内就会有 5m 以上的滴定台。

三、辅助室的设施建设

辅助室直接为基本实验室与精密仪器实验室服务。它主要包括以下各种辅助室。

（一）中心（器皿）洗涤室

用于集中洗涤实验用品的房间。其尺度应根据日常工作量决定，但一般不应小于一个单间（如 24m²）。洗涤室的位置应靠近基本实验室，室内通常设有洗涤台，其水池上有冷热水龙头，以及干燥炉、干燥箱和干燥架等。若采用自动化洗涤机，则应考虑在其周围留有足够空间，以便检修和装卸器皿。工作台面需耐热、耐酸，房间应有良好的排风设备。

（二）中心准备室与溶液配制室

中心准备室一般设有实验台，台上有管线设施、洗涤池和储藏空间。

溶液配制室用来配制标准溶液和各种不同浓度的溶液。一般可由两个房间组成，其中一间放置天平，天平可按两人一台考虑；另一间用于存放试剂和配制试剂，室内应有通风柜、滴定台、辅助工作台、写字台、物品柜等。

（三）普通储藏室

普通储藏室是指供某一层或实验室专用的一般储藏室，不作为储藏有特殊毒性、易燃性化学品或大型仪器设备的房间。室内可按实际需要设置 300～600mm 宽的柜子，要求有良好通风，避免阳光直射，应干燥、清洁。

（四）试样制备室

待分析测试的坚实试样（如岩石、煤块等）必须先进行粉碎、切片、研磨等处理，其所用设备既产生震动，又产生噪声，应采取防震与隔声措施。

（五）放射性物品储藏室

有些实验楼中设置有放射性实验室，故同位素等放射性物质大都应在衬铅的容器里存放，并放置在专门的储藏室里，同时放射性废物也必须保存在单独的储藏室里进行处理。

（六）危险药品储藏室

带有危险性的物品，通常储存在主体建筑物以外的独立小建筑物内。这种储藏室入口应方便运输车辆的出入，门口最好与车辆尾部同高，这样室内地面也就与车辆尾部同高了。此外，要另设坡道通到一般道路平面，以便实验室人员平时用手推车来取货。

储藏室的结构应坚固，有防火门，保证常年保持良好通风，屋面应能防爆，有足够的泄压面积，所有柜子均应由防火材料制作，设计时应参照有关消防安全规定。

（七）蒸馏水制备室

实验室中溶液的配制和器皿的洗涤都要用蒸馏水。蒸馏水可在专门的设备中制取。蒸馏水室的面积一般为 1 间 24m² 左右，可设在顶层，由管道将蒸馏水送往各实验室，也可按层设立小蒸馏水室，还可采用小型蒸馏水设备，直接设在实验室里面。

四、实验室的工程管网布置与公用设施建设

(一)实验室的工程管网布置

① 在满足实验要求的前提下,应尽量使各种管道的线路最短,弯头最少,以利于节约材料和减少阻力损失。

② 各种管道应按一定的间距和次序排列,以符合安全要求。

③ 管道应便于施工安装、检修、改装。

(二)工程管网的布置方式

各种管网都是由总管、干管和支管 3 部分组成的。总管是从室外管网到实验室内的一段管道,干管是从总管分送到各单元的侧面管道,支管是从干管连接到实验台和实验设备的一段管道。各种管道大多以水平和垂直两种方式布置。

1. 干管与总管的布置

(1)干管垂直布置。指总管水平铺设,由总管分出的干管都是垂直布置。水平总管可铺设在建筑物的底层,也可铺设在建筑物的顶层。对于高层建筑物,有的水平总管铺设在底层或顶层,有的铺设在中间的技术层内。

(2)干管水平布置。指总管垂直铺设,在各层由总管分出水平干管。通常把垂直总管设置在建筑物的一端,水平干管由一端通到另一端。

2. 支管的布置

(1)沿墙布置。无论干管是垂直布置还是水平布置,如果实验台的一面靠墙,那么从干管引出的支管都可沿墙铺设到实验台。

(2)沿楼板布置。如果实验台采用岛式布置,那么由干管到实验台的支管一般都沿楼板下面铺设,有的支管穿过楼板向上连到实验台。实验室管道系统布置如图 1-4 所示。

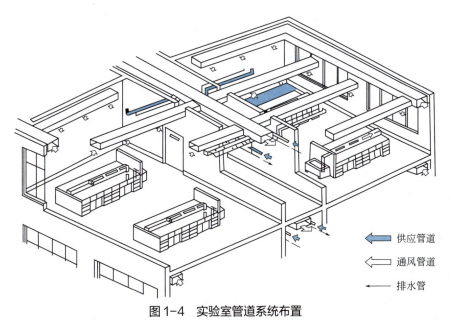

图 1-4 实验室管道系统布置

（三）采暖

有的地区，由于冬季气温较低，实验室必须加装暖气系统以维持适当的室温。但无论是电热还是蒸汽，都应注意合理布置，避免局部过热。

天平室、精密仪器室和计算机房不宜直接供热，可以采取由其他房间的暖气自然扩散的方法采暖。

（四）空调

精密计量、实验仪器或其他精密实验器械及电子计算机对实验室的温度、湿度有较高的要求，需要考虑安装空调装置，进行空气调节。空调布置一般有3种方式。

（1）单独空调。在个别有特殊需要的实验室安装窗式空调机，空气调节效果好，可以随意调节，能耗较少，但噪声较大。

（2）部分空调。对于部分需要空调的实验室，在设计时应把它们集中布置，然后安装适当功率的大型空调机，进行局部的"集中空调"，既可实现部分空调，又可降低噪声。

（3）中央空调。当全部实验室都需要空调的时候，可以建立全部集中空调系统，即中央空调。集中空调可以使各个实验室处于同一温度，有利于提高检验及测量精度，并且集中空调的运行噪声极低，可以保持实验室环境安静。其缺点是能量消耗较大，并且不一定能满足个别要求较高的特殊实验室的需要。

（五）实验室供电系统

实验室的多数仪器设备在一般情况下是间歇工作的，也就是说多属于间歇用电设备，但实验一旦开始便不宜频繁断电，否则可能使实验工作中断，影响实验的准确度，甚至导致试样损失、仪器装置破坏，致使无法完成实验。因此，实验室的供电线路宜直接由总配电室引出，并避免与大功率用电设备共线，以减少线路电压波动。

设计实验室供电系统时，要注意下列几个方面：

（1）实验室的供电线路应给出较大宽余量。输电线路应采用较小的载流量并预留一定的备用容量（通常可按预计用电量增加30%左右）。

（2）各个实验室均应配备三相和单相供电线路，以满足不同电器的需要。

（3）每个实验室均应设置电源总开关，以方便控制各实验室的供电线路。对于某些必须长期运行的用电设备，如冰箱、冷柜、老化实验箱等，则应专线供电，而不应受各室总开关控制。

（4）实验室供电线路应有良好的安全保障系统。实验室供电线路应配备安全接地系统，总线路及各实验室的总开关上均应安装漏电保护开关，所有线路均应符合供电安装规范，确保用电安全。

（5）要有稳定的供电电压。在线路电压不够稳定的时候，可以通过交流稳压器向精密仪器实验室输送电能。对于特别要求的用电器，可以在用电器前再加二级稳压装置，以确保仪器稳定工作。

（6）避免外电线路电场干扰，必要时可以加装滤波设备排除。

（7）配备足够的供电电源插座。为保证实验仪器设备的用电需要，应在实验室的四周墙壁、实验台旁的适当位置配备必要的三相和单相电源插座。

（8）实验室内供电线路应采用护套（管）暗铺。

在使用易燃易爆物品较多的实验室，还要注意供电线路和电器运行过程中可能引发的危险，并根据实际需要配置必要的附加安全设施（如防爆开关、防爆灯具及其他防爆安全电器等）。

（六）实验室的给水和排水系统

（1）实验室给水在保证水质、水量和供水压力的前提下，从室外的供水管网引入进水，并输送到各个用水设备、水龙头和消防设施，以满足实验、日常生活和消防用水的需要。

① 直接供水。在外界管网供水压力及水量能够满足使用要求的时候，一般采用直接供水方式，这是最简单、最节约的供水方法。

② 高位水箱供水。高位水箱供水属于间接供水。当外部供水管网系统压力不能满足要求或者供水压力不稳定的时候，各种用水设施将不能正常工作，此时就要考虑采用高位储水槽（罐），即常见的水塔或楼顶水箱等进行储水，再利用输水管道送往用水设施。

③ 混合供水。通常的做法是对较高楼层采用高位水箱间接供水，而对低楼层则可直接供水，以降低供水成本。

④ 加压泵供水。由于高位水箱供水普遍存在二次污染问题，因此高层楼房多使用加压泵供水方式。此方法也可用于实验室，但在单独设置时运行费用较高。

（2）实验室的排水由于实验的不同要求，实验室需要在不同的实验位置安装排水设施。

① 排水管道应尽可能少拐弯，并具有一定的倾斜度，以利于废水排放。当排放的废水中含有较多的杂物时，管道的拐弯处应预留清理孔，以备必要之需。

② 排水干管应尽量靠近排水量最大、杂质较多的排水点设置。

③ 注意排水管道的腐蚀状况，最好采用耐腐蚀的塑料管道。

④ 为避免实验室废水污染环境，应在实验室排水总管设置废水处理装置，对可能影响环境的废水进行必要的处理。

【课后小测】

一、填空题

1. 实验室的建筑设计一般分为_____、_____、_____和_____四个过程。
2. 实验室对环境有特殊要求，一般应免受_____、_____、_____、_____、_____、_____等的侵蚀，才能保证实验室工作的顺利进行。
3. 墙裙高度要求离地面_____，便于清洁。
4. 实验室的走廊分为_____、_____、_____、_____4种。
5. 实验室供水的方式包括_____、_____、_____、_____4种。
6. 实验台的设计方式有_____、_____两种。
7. 实验室的通风方式有_____、_____两种。

二、单项选择题

1. 一般功能实验室的操作空间高度不应小于（　　）。
A. 2.0m　　　　B. 2.5m　　　　C. 3.0m　　　　D. 3.5m
2. 精密实验室的工作室采光系数范围为（　　）。
A. 0.08～0.10　　B. 0.08～0.12　　C. 0.1～0.12　　D. 0.2～0.25

三、简答题

1. 实验室防震的主要途径是什么？常用方法有哪些？
2. 实验室仪器设备对电源有什么要求？为什么？
3. 危险物品储藏室有什么要求？

项目二
实验室组织管理

学习目标

知识目标：
1. 了解实验室组织机构设置及权力和职责；
2. 熟悉实验室人员组织管理的内容；
3. 掌握实验室人员需具备的资格和要求。

能力目标：
1. 能够根据实验室组织机构的要求制定实验室岗位职责；
2. 能够根据实验室人员要求制定实验室人员管理制度。

思政目标：
1. 具备社会道德、个人道德、职业道德和社会责任感；
2. 具备职业规范和法律意识；
3. 具备爱岗敬业、忠于职守的工作态度。

案例引入

实验室既是进行实验的场所，又是科学的摇篮、科学研究的基地、科技发展的源泉和引擎。目前，我国实验室在解决经济建设、社会发展和国家安全等重大科技问题方面产生了大量的创新思想和创新方法，推动了关键技术持续突破，取得了一系列拥有自主知识产权的研究成果。然而，由于我国科技研发起步晚，第一所国家重点实验室的建立晚于美国约40年，此外，目前许多实验室面临经费不足、人员配置不合理、考核标准不明确等问题，导致我国实验室在管理水平方面与欧美发达国家存在一定的差距。

某企业新建实验室需要招聘实验室工作人员，总经理应怎样制定招聘方案呢？

任务一 实验室组织机构设置和实验室机构职责

一、实验室组织机构设置

（一）机构设置

在工业生产中，实验室系统的设置，一般设有中心实验室、车间实验室和班组实验室

（岗），构成一个三级检验体系。

1. 中心实验室设置

中心实验室是企业中产品质量检验的核心实验室，它具有强大的人力资源和丰富的物力资源，在这里不仅可以完成所有产品、原料的质量检验工作，而且还可以胜任新方法的研讨、新标准的建立等难度较大的研究性工作。

2. 中控实验室设置

所谓中控实验室是指设置在生产车间或班组中的实验室，其作用是为了监控生产过程中的中间产品、半成品和成品的质量，以便随时掌握这些中间产品的质量变化情况，并将分析结果及时向车间负责人通报，保证工艺过程正常运行，确保产品质量达到标准要求。

3. 实验室组织机构

实验室组织机构根据企业规模和企业目标不同，可有多种形式。常见的实验室组织机构如图 2-1 所示，图中每个机构都应有一组工作人员（可兼职）各司其职。

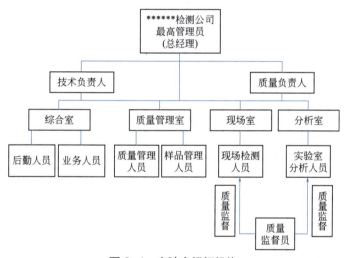

图 2-1　实验室组织机构

（二）实验室的地位与职权范围

1. 实验室的地位

实验室作为企业产品的质检机构，具有法律地位。这种法律地位是其他部门所不能替代的。在检验工作中，实验室应具有独立开展业务的权力，不受任何行政干预。实验室系统应当作为一个独立的系统，在组织结构、管理制度等方面相对独立，并能严格遵守企业的《质量手册》，坚持实事求是的原则，科学、公正地完成每一项检测工作。

2. 实验室的隶属关系

企业的中心实验室隶属于企业的二级机构，是从事产品、原料分析检验、三废检测或方法研究、技术开发等的实验或科研实体。认可的实验室应配备能满足检验项目的仪器设备，以及具有能满足检验工作需要的场所设施和环境条件，并根据所承担的任务积极开展科学试验工作，努力提高实验技术，完善技术条件和工作环境，以保证高效率、高水平地完成各项任务，维护实验室质检机构的合法权益。

3. 实验室的职权范围

所谓实验室的职权范围，是指实验室在分析检验程序中所行使的有效权限范围。不同的实验室具有不同的职权范围，即权限范围有大有小，承担的责任有轻有重。对于独立法人的检测单位，应具有独立开展检测业务工作的能力。检测结果不受行政干预，保证检测数据的公正性、客观性和准确性。严格执行国家及部门颁布的有关法规、标准方法和检测技术规范，确保检测数据的准确性、代表性、可比性、完整性和系统性。检测人员秉公办事，实事求是，不受外界压力和干扰。

二、实验室机构职责

实验室机构职责包括实验室系统各部门的岗位职责和各类人员的岗位职责。

（一）部门职责

1. 综合室

（1）受理外来检测业务（包括委托送样），做好登记并下达任务，做好外来委托样品的承接、标识及相关情况的记录。

（2）各类来文、发文的交接登记和公司内文件材料的起草、打印和发送，记录表式的印制和技术，记录表式的发放、登记工作。

（3）编制仪器设备、化学试剂、玻璃器皿、技术资料等年度采购计划，负责物资采购、验收、发放、仓库管理，建立合格的供应商档案。

（4）检测报告的发送登记。

（5）仪器设备的维修、标识和仪器设备档案的管理，做好仪器年度检定工作。

（6）人员技术档案的建立和管理。

（7）做好各类接待工作，与客户联系，建立客户档案，收集客户反馈信息，负责客户投诉的受理、登记。

（8）公司员工薪资的造册、发放以及公司工作制度的制定，并对执行情况进行检查，负责公司各类档案的归档管理工作。

（9）公司计算机、软件、电子文件及其网络的日常维护和管理。

2. 质量管理室

（1）质量体系文件的日常管理，建立体系文件目录，做好文件的发放、登记，确保所有工作场所得到相关的有效版本文件。

（2）对不符合工作进行评价并跟踪纠正措施、预防措施的实施，对这些措施的有效性进行验证、评价。

（3）公司质量管理工作，制定年度质量控制计划，监督各科室贯彻执行。

（4）组织实施实验室间比对、能力验证工作。此外，还需要协助质量负责人做好质量体系的编写、修订换版和宣传贯彻工作。

3. 现场室

（1）公司检测工作的具体实施，认真做好现场采样记录工作和记录的复核。

（2）现场采样样品的标识及运输过程中样品的保护。

（3）提出本室服务和供应品的需求申请并对其使用情况进行评价，参与有关仪器设备的验收。

（4）仪器设备的日常维护，协助仪器设备的校准，组织实施仪器设备和标准物质的期间核查，保证其在受控状态和有效期内使用。

（5）按要求开展扩项和检测方法的确认工作。

（6）现场检测项目的测量不确定度的评定工作。

（7）安全防护设施的日常管理，采取安全防护措施，确保人员安全。

（8）计算机、软件、电子文件的日常维护、管理和业务资料的收集、归档。

4. 分析室

（1）完成各类样品的分析任务，认真做好分析原始记录和记录的复核工作，及时报出各类数据。

（2）分析过程中样品的保护。

（3）实验室设施和环境条件的日常维护、监控、报修及维修工作。

（4）实验废弃物的收集、保存和处理工作。

（5）提出本室服务和供应品的需求申请，并对其使用情况进行评价，参与相关仪器设备的验收，编写调试报告。

（6）分析室检测人员的安全防护和领用后化学品的管理工作。

（7）仪器设备的日常维护，组织实施仪器设备和标准物质的期间核查，保证其在受控状态和有效期内使用。

（8）按要求开展扩项和检测方法的确认工作，按要求参加实验室间比对和能力验证活动，按质量控制要求完成相应的工作。

（9）计算机、软件、电子文件的日常维护、管理，安全防护设施的日常管理，采取安全防护措施，确保人员安全。

（二）岗位职责

1. 总经理（法定代表人）

（1）全面负责本公司各项工作，组织贯彻执行国家有关方针、政策、法律、法规。

（2）确保检测数据的公正性、准确性、代表性，恪守公正、独立、诚实的原则，承担法律责任。

（3）制定质量方针、质量目标，负责质量手册、程序文件的批准和发布，对本公司测量活动进行决策，主持管理评审。

（4）掌握本公司发展方向，组织制定方针，批准公司发展规划和年度工作计划，组织配置必要的资源。

（5）任命技术负责人和质量负责人，聘任专业技术人员和部门负责人，任命关键岗位人员，指定关键管理岗位的代理人。

（6）审批年度经费预算和决算，审批仪器设备和物资购置计划。

（7）负责人员的引进、调配的批准，组织公司人力资源配置和对全体人员的考核奖惩。

（8）批准重大质量事故引起的责任和赔偿等方面的抱怨与申诉的处理。

（9）主持召开公司办公会议，确保在实验室内部建立适宜的沟通机制，并就管理体系有效性的事宜进行沟通。

（10）提供建立和实施管理体系以及持续改进其有效性承诺的证据。

（11）将满足客户要求和法定要求的重要性传达到组织。

（12）当策划和实施管理体系的变更时，应确保保持管理体系的完整性。

2. 技术负责人

（1）确定公司技术活动的方法和路线。

（2）参与质量手册、程序文件的会审，组织重大项目合同书的评审。

（3）负责全公司人员正确贯彻执行国家标准和技术规范，主持编写、修改和审批有关的技术文件（作业指导书、技术记录表式、技术报告等）。

（4）负责采购计划的审核和合格供应商的批准，组织大型仪器设备和关键物资的验收。

（5）负责技术运作活动中不符合工作的控制。

（6）批准技术运作活动方面的纠正措施和预防措施。

（7）负责审批检测工作的新技术、新方法和新能力。

（8）组织检测方法的确认，批准方法偏离的例外许可。

（9）主持人员资格确认工作。

（10）确保实验室运作质量所需的资源。

（11）参加管理评审，提供相关资料，向管理评审会议汇报。

（12）负责技术咨询和技术服务工作的开展。

（13）负责指导、协调分管范围内的业务工作。

（14）在质量负责人外出时代行其职责。

3. 质量负责人

（1）负责质量体系及其有效运行，组织质量手册、程序文件、质量记录表式的编写和修改，审定质量记录表式，保证质量体系文件的现行有效。

（2）全面负责内审工作，编制年度内审计划，选派内审员，审核内审报告。

（3）组织处理检测工作中的投诉以及质量事故。

（4）参与重大项目业务技术合同书的评审。

（5）负责质量体系活动中不符合工作的控制。

（6）批准质量体系活动方面的纠正措施和预防措施。

（7）负责实验室间比对、能力验证计划，年度质量控制计划、年度检测设备检定／校准（验证）、确认总体计划、年度人员培训和考核等质量监督和人员培训的有效性评价。

（8）负责测量不确定度的确认。

（9）负责危险化学品、剧毒品的领用批准。

（10）参与管理评审，协助总经理做好管理评审前的组织工作和准备工作，编写管理评审实施计划，代表管理层督促评审中提出的纠正、预防措施的实施。

（11）负责指导、协调分管范围内的业务工作。

（12）在技术负责人外出时代行其职责。

4. 综合室主任

（1）全面负责本室各项工作，编制本室工作计划、总结。

（2）负责制定年度检测工作计划，负责委托检测任务的下达。

（3）负责检测方案和检测报告审核工作，负责上报业务技术报表和报告的复核工作。

（4）组织检测方法的确认工作，对例外许可申请进行审核。

（5）提出本室人员技术培训、考核的需求。

（6）负责组织客户的接待以及客户反馈意见的收集。
（7）负责落实服务、供应品的采购以及实验室设施和环境条件的配置。
（8）组织编制公司年度经费的预算和决算，编制年度采购计划。
（9）制定公司内工作制度，组织制度执行情况的检查。
（10）负责访客的接待，负责公司内公章的使用管理。
（11）负责本室工作台账的建立，组织全公司各类档案的整理归档工作。

5. 质量管理室主任

（1）全面负责质量管理室的各项工作，编制本室工作计划、总结。
（2）负责质量体系文件的管理，做好体系文件的编号、发放、登记、归档工作和质量记录表式的制定、发放和登记工作。
（3）组织协调全公司的质量保证工作，编制年度质量控制计划，并组织实施。
（4）负责投诉的调查和处理工作。
（5）负责实验室间比对和能力验证工作的组织实施。
（6）协助质量负责人做好内审工作。
（7）编制人员的岗位培训和考核计划，并组织实施。
（8）负责组织实施仪器的检定和校准。
（9）负责组织测量不确定度的评定工作。
（10）提出人员技术培训、考核的需求。
（11）负责工作台账的建立和档案归档工作。

6. 现场室主任

（1）全面负责现场室各项工作，编制本室工作计划、总结。
（2）负责提出本室人员的技术培训、考核需求和检测用仪器设备、化学试剂、实验耗材的购置申请。
（3）负责拟定本室新开设项目及相关仪器设备的购置计划。
（4）负责本室在用仪器设备的管理和期间核查计划的逐项落实。
（5）按要求组织现场人员参加实验室间比对和能力验证活动。
（6）按要求组织现场人员参加检测方法的确认工作。
（7）安排、检查、督促现场人员按规定要求完成检测任务。
（8）对检测中出现的不合格项进行调查分析，提出纠正措施并组织实施。
（9）负责分管范围内实验室的安全、内务、管理工作。

7. 分析室主任

（1）全面负责分析室各项工作，编制本室工作计划、总结。
（2）负责提出本室人员的技术培训、考核需求和检测用仪器设备、化学试剂、实验耗材的购置申请。
（3）负责拟定新开设项目及相关仪器设备的购置计划。
（4）负责本室在用仪器设备的管理和期间核查计划的逐项落实。
（5）按要求组织分析人员参加实验室间比对和能力验证活动。
（6）按要求组织分析人员参加分析方法的确认工作。
（7）安排、检查、督促分析人员按规定要求完成各项工作。

（8）对分析中出现的不合格项进行调查分析，提出纠正措施并组织实施。
（9）负责分管范围内实验室的安全、内务、管理工作。

8. 检测人员

（1）须经过培训，考核合格取得上岗证书，熟练掌握与本专业有关的标准检测方法及有关法规。
（2）检测人员应不受任何干预，严格执行质量手册的规定，严格按有关程序文件和作业指导书开展检测工作，认真做好检测工作，确保数据准确可靠。
（3）熟悉所使用仪器设备的性能及操作规程，做好使用、维护记录。
（4）积极参加有关的培训学习，努力提高技术水平。
（5）当检测仪器设备、环境条件或被测样品等不符合检测技术标准要求时，检测人员有权暂停检测工作并及时上报室主任。

9. 质量监督员

（1）对实验室人员特别是在培人员和新上岗人员进行技术监督。
（2）负责检查工作标准溶液（含标准气）的制备、维护、使用状况。

10. 样品管理员

（1）负责样品的接收与回退，按照样品的检测要求对样品进行管理。
（2）监督样品的处置和传递。
（3）有权制止违反样品管理程序的偏离行为，并责成当事人纠正。
（4）负责样品的唯一性标识。
（5）负责样品的保留或清理。

11. 后勤人员

（1）仪器设备管理员
①负责仪器设备的验收；
②负责建立仪器设备维修方名录；
③负责办理仪器设备的停用、报废手续；
④负责公司仪器设备档案的收集、管理、归档；
⑤建好仪器设备台账。
（2）仓库管理员
①编制相关物资采购计划；
②验收采购物资、分类入库并按要求存放；
③建立库房管理台账；
④负责仓库的防火、防潮、防盗等的安全卫生工作。
（3）档案管理员
①熟悉档案管理业务和库存的档案；
②负责受控文件的登记、发放等日常管理工作，负责受控文件档案管理及借阅工作；
③跟踪标准、规范、规程等技术文件的有效性，及时收集有关标准，保证技术文件的现行有效；
④负责监测报告副本、原始记录、仪器设备档案、人员技术业绩档案等的归档保存；
⑤妥善保管档案，防止霉变和虫蛀。

12. 业务人员

（1）负责客户委托项目接洽，进行业务报价。
（2）确认并签订客户委托任务的合同或委托书。
（3）及时与客户沟通合同签订后的任何偏离或修改。
（4）保管签订后的委托单、合同及有关记录。
（5）负责委托方案和检测报告的编写。

任务二　实验室人员管理

一、实验室人员配备

实验室人员是实验室的核心。一个仪器设备齐全但却没有实验人员的实验室，只能称为仪器设备陈列室。只有配备了组合恰当的专业实验人员的实验室，才有可能完成企业生产所需要的检验工作。

实验室中的各类人员在相应组织机构和管理人员的组织领导下，进行分析检验的技术和管理工作，完成实验室系统的目标和任务。实验室系统的运作主要包括分析检验具体技术工作、研究性工作、管理工作和其他辅助性工作。所以，实验室人员主要是由从事检验工作的技术人员和研究人员、实验室系统的管理人员、其他的辅助人员等组成。实验室人员配备主要应从以下几方面来进行考虑和安排。

1. 检验人员的基本条件

① 热爱本职工作，忠于职守，勤奋学习，努力钻研，积极完成本职工作。
② 加强思想道德修养，严格要求自己，办事公正，实事求是，严格遵守检验人员的岗位职责。
③ 具有中专以上学历的文化专业知识，受过检验、测试工作技能专业培训，取得资格证书，能独立进行测试工作，能根据测试结果对被检试样做出判断。
④ 身体健康，无色盲、色弱、高度近视等与检验工作要求不相适应的疾病。

2. 实验室人员的构成

人员构成主要是从实验室组织目标出发，依据实验室所承担的任务进行设置。首先考虑专业结构设置，需要建立和配备一支专业性强的技术人员队伍和一套必要的检测设施，以满足和保证组织目标的实施。其次，在配置人员过程中，除考虑专业结构合理设置外，原则上还应从实际工作出发，按层次配置，并配备相应的高级、中级、初级技术人员结构，呈"金字塔"形组合。再次，从长远的检验工作利益考虑，还应在年龄层次上有所差别，最好是形成一个梯队的组合，老、中、青各占有一定的比例。

由于企业规模及实验室组织目标各自有所不同，人员配备形式也不尽相同。特别是对那些规模较大的企业或外资及合资企业等，其实验室往往自成管理体系，并设置各种业务科室（部），因此人员配置可以根据各企业质量手册中的质量目标规定要求进行有机组合。

3. 任职资格和条件

① 总经理或最高管理者（法定代表人），应具备高级技术职称，精通本系统的检验工作

任务，善于检验流程管理，掌握有关法律和法规。

②技术负责人应具备高级技术职称，熟悉检验业务和技术管理，具备解决和处理检验工作中技术问题的能力。

③质量负责人应具备中级以上技术职称，熟悉检验业务和检验工作质量管理方面的知识，有处理质量问题的能力。

④其他室负责人应具备中级以上技术职称，精通本室的管理与专业知识，掌握与检验有关的法律知识。

⑤检验人员应具备本专业基础知识，了解有关法律法规知识，并经考核后具备上岗资格。

⑥内审员（审核人员）应熟悉有关标准和质量体系文件，能独立拟定审核活动，掌握质量体系审核的知识和技能，并经过培训达到合格，一般由系统的负责人担任。

⑦质量监督员应熟悉检验工作方法和程序，了解检验目的和检验标准，并能评审检验结果，一般由系统的技术人员担任。

二、实验室人员组织管理

在现实的管理工作中，人的管理是所有管理工作的核心，但是由于人是具有思想的，因此人的管理又是最为复杂的，对实验室人员的管理也不例外，具有很强的政策性和多因素性，不可能有固定的管理模式。

实验室人员管理的内容重点是要求各类人员的结构合理、岗位职责明确，建立完整有效的激励机制、竞争机制和流动机制，增强各类人员的竞争意识和竞争能力，充分调动其工作积极性、主动性和创造性，使实验室人员的素质得到不断的提高。具体管理内容如下所述。

1. 定编、定岗位职责、定结构比例

（1）定编。应遵循效率原则并根据实验室系统的实际工作岗位、目标及任务，实验室的发展和技术进步等确定各专业（学科）、技术职务（技能等级）、年龄阶段人员的编制，且注意固定编制与流动编制相结合、各类人员数量和结构的合理性。

（2）定岗位职责。这里的岗位职责指的是实验室系统中从事管理和检验工作个人岗位职责，也就是具体工作岗位要执行的工作任务。注意根据工作的性质，采取定岗不定人，使之与流动编制相适应。定岗位职责是实行岗位责任制的基础，是人力资源管理科学化的重要措施，是检查和考核岗位人员工作质量、工作效率的主要依据。

（3）定结构比例。在定编和定岗位职责的基础上，确定高级、中级和初级技术职务（技术等级）人员的合理结构比例，明确岗位分类职责，根据职务（技能等级）余缺情况，进行人员流动和逐年考核晋级，逐步到位。

2. 岗位培训

为了提高履行实验室系统岗位职责的实际能力，应围绕分析检验的技术要求和管理业务，组织相应的培训，以提高实验室系统人员的整体素质。岗位培训中，应根据实验室系统的现状和发展，对人员素质的要求，提出培训计划和实施意见；制定岗位培训的有关政策、规章、制度以及主要岗位的规范化指导性意见；分级建立岗位培训考核机构，对培训人员进行考核。对培训的考核结果，应记入个人技术档案，作为聘任和晋级的依据。

3. 考核晋级

（1）考核内容。按工作的性质和技术职务（技能等级）的特点，以岗位职责为依据，对

实验室检验系统各类人员的思想素质、工作态度、业务能力、工作业绩等方面进行考核。

（2）考核标准。制定规范性的考核指标，将履行岗位职责、完成工作的数量与质量以及取得的业绩统一评价。

（3）考核方法。组织考核与群众评议相结合，定性总结评比与定量（完成工作量）相结合。一般每年进行一次，先由个人总结，填写考核登记表，然后由实验室主任组织本室人员进行评议，写出考核评语，报上一级考评组织，经审查后存入档案备查。

4. 职务（技能等级）评聘

职务（技能等级）评聘是指职务（技能等级）资格评定和职务（技能等级）聘用。

（1）职务（技能等级）资格评定。职务（技能等级）资格的评定分为工程技术系列和职业（岗位）技能系列。

工程技术系列职务资格评定由本人申请，实验室主任组织有关人员评议，决定是否向上一级组织推荐，最终由专门的评定机构进行评定。

职业（岗位）技能系列技能等级的评定，则是由劳动部门设置的职业技能鉴定中心（站）进行培训、鉴定和颁证。

（2）职务（技能等级）聘用。根据设置的工作岗位、岗位职责和工作目标及任务，来决定聘用高级、中级和初级职务（技能等级）的人员。

考虑到在实验室系统的人力资源中，主要是一线的分析检验人员，因此，职务（技能等级）评聘，应以评聘职业（岗位）技能系列为主，根据实际岗位需要评聘一部分工程技术系列职务。

在扎实做好实验室系统的人力资源管理工作同时，系统负责人和企业领导应加强对实验室人员的思想政治教育和品德教育，实行严格的考核和聘任制度，规范化、制度化地开展技术职务的评定工作，并可通过设立技术成果奖等奖励措施着力培养实验室技术人员的积极性与创造性，这样才能推动实验室系统的人力资源管理工作进入良性发展的轨道。

【课后小测】

一、填空题

1. 实验室应具有独立开展业务的_____，不受任何_____干预，在组织机构、管理制度等方面_____独立。

2. 认可的实验室应_____能满足检验项目的仪器设备，以及具有能满足_____需要的场所设施和环境条件。

3. 实验室人员配置需要考虑的3个方面内容是_____、_____和_____。

二、判断题

1. 企业的实验室作为企业产品的质检机构，具有法律地位。（   ）
2. 实验室人员配置是依据企业的组织目标要求进行合理配置。（   ）
3. 质检机构在检验工作中不受任何行政干预。（   ）

三、单项选择题

1.（   ）的岗位职责为负责质量体系及其有效运行，组织质量手册、程序文件、质量记录表式的编写和修改，审定质量记录表式，保证质量体系文件的现行有效。
A. 质量管理室主任　　B. 技术负责人　　　C. 质量负责人　　　D. 办公室主任

2.（   ）的职责包括：负责样品的接收与回退，按照样品的检测要求对样品进行管理；

监督样品的处置和传递；有权制止违反样品管理程序的偏离行为，并责成当事人纠正；负责样品的唯一性标识；负责样品的保留或清理。

A. 质量管理室主任　　B. 技术负责人　　　　C. 质量负责人　　　　D. 样品管理员

四、简答题

1. 检验人员的主要职责有哪些？
2. 实验室应具有哪些权力？举例说明。

项目三
实验室仪器设备管理

学习目标

知识目标：
1. 熟悉实验室设备采购招标工作的内容和流程；
2. 掌握仪器设备和玻璃仪器的管理与维护保养、使用、维护维修、存放时的注意事项；
3. 掌握计算机自动化设备及软件管理的内容。

能力目标：
1. 能够参与实验室设备招标准备工作；
2. 能够独立完成设备日常事务管理工作；
3. 能运用自动化设备管理思维进行简单的管理。

思政目标：
1. 具备安全意识、社会责任感、法律意识，规范自身行为准则；
2. 具备认真负责、务实严谨的工作态度。

案例引入

2002年7月，某实验室正准备开启的一台102G型气相色谱仪柱箱忽然爆炸，柱箱的前门被炸到2米多远，已变形，柱箱内的加热丝、热电偶、风机等都已损坏。事故原因是2个月前一名维修人员把色谱柱自行卸下，而另一名实验员在不知情的情况下，开启氢气，通电后发生了这起事故。幸亏这名实验员站在仪器旁边，幸免了伤害事故。

事故原因：实验员在每次开机前都应该检查一下气路，仪器维修人员对仪器进行改动后，应通知相关的使用人员并挂牌，此例事故中两人都没按规程操作。同时企业的仪器设备管理也不到位。

请你分析上述案例中仪器设备管理过程中存在的问题，制定一个健全、有效的管理制度。

任务一 实验室仪器设备管理流程和采购管理

实验设备是高等学校教学、科研、生产和生活上所需要的各种器械用品的总称，包括：教学实习的生产工艺设备、实验教学的仪器设备、科学实验的仪器设备、电子计算机及终端设备、复印设备、劳动保护设备及空调设备等。

以实物形态来看，有机床、仪器、设备、装置、炉窑和车辆等。从使用单位来看，这些器械用品的名称不统一，叫法有仪器、设备、仪器设备、科学仪器设备、实验装备、技术装备、IT设备、现代工业设备等。中国设备管理协会把上述统称为设备，多数高等学校和科研单位称之为仪器设备。

通常人们习惯将测试用的仪器设备称作仪器，而将制作和生产性质的仪器设备称为设备。但是，往往仪器和设备是分不开的，因为现在的仪器设备是科学技术的综合体，既有制作、生产功能，又有测试功能，所以，人们就将仪器和设备统称为仪器设备。

一、实验室仪器设备管理流程

仪器设备是实验室开展检测工作所必需的重要资源，也是保证检测工作质量、获取可靠测量数据的基础。因此，仪器设备的管理在实验室的管理中是一个重要环节。所谓实验室仪器设备管理，即利用科学有效的管理理念、方法、措施、程序，做好实验室设备的计划、选型、采购到日常使用和维护工作。实验室仪器设备管理一般要经历五个主要阶段：计划选购阶段、开箱验收阶段、安装调试阶段、管理阶段及维护阶段。实验室仪器设备管理的任务，就是通过科学化的管理控制，注重每一个阶段的管理与控制，其主要目的是使仪器设备在整个使用寿命周期内处于受控状态，以保证仪器设备配备合理，量值准确可靠，为取得科学、准确、可靠的检测数据提供保障。实验室仪器设备管理流程如图3-1所示。

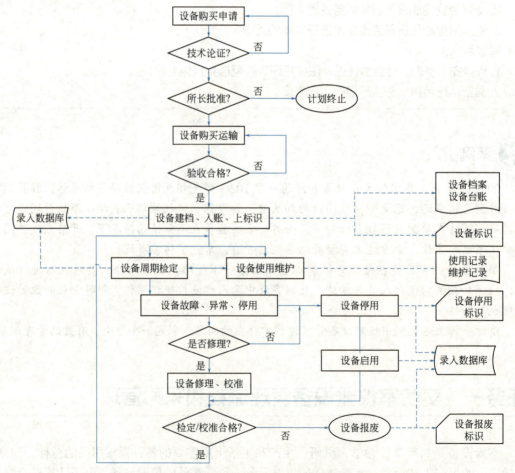

图3-1　实验室仪器设备管理流程图

二、实验室仪器设备采购管理

采购管理包括实验设备的配置、选型和论证，采购计划的制订和审批，计划的实施，从采购到安装、调试、验收等，如图3-2所示。

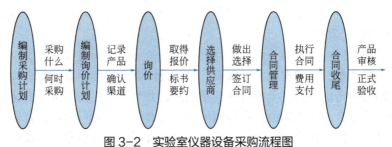

图3-2　实验室仪器设备采购流程图

1. 仪器设备的配置

（1）仪器设备的配置是指实验室根据已有或拟开展的检测项目和参数，以及检测业务发展，检测新技术和新方法研究，安全等方面的需要，对仪器设备的类型、准确度/不确定度、量程、数量、安装环境等进行合理配置。

实验室对仪器设备的配置首先建立在已有或拟开展的检测项目和参数的需要上；对扩展检测项目和参数的设备配置计划一般还应考虑到所扩展的检测项目和参数的资金投入、市场前景；在仪器设备的选型上，还需要考虑到分区布置和该检测项目所要求的环境条件；对有三废排放的仪器设备，还应考虑到环境保护问题。

（2）现场检测设备的配置应满足所开展检测项目和参数的要求，设备的型号规格、技术指标应满足技术标准要求，设备台套数量的配置满足工期的要求，设备安装应符合技术标准或设备使用说明书的要求。

2. 选型和论证

仪器设备选型应考虑的问题一般包括：仪器设备的技术性能（测量范围、准确度/不确定度）要能稳定地满足检测工作的需要；仪器设备的工作效率能满足检测工作量的需求；仪器设备的可靠性、适应性、标准化程度、仪器设备的相互关联性和成套性；对操作技术的要求；仪器设备投资的技术经济效益；制造厂的产品质量、交货期、价格；劳动保护、技术安全与环保的要求；仪器设备制造厂家的信用和售后服务等。在采购计量仪器和量具时，相关厂商必须提供"制造计量器具许可证"。

充分做好购置前的市场调研工作，广泛收集有关仪器设备产品资料，了解产品的性能和技术参数，与同类产品相比的优势与不足、产品前景与参考报价、仪器设备配套等情况，做好产品的质量论证，坚持技术上的先进性、经济上的合理性、教学科研上的实用性；正确处理先进与实用的关系，在选型时不盲目追求新式高档、自动、数显等多功能、高性能的仪器设备，而是根据部门的财力与实际需要，选择既经济又适应科研要求的仪器设备。

做好采购清单，重点是对要采购的仪器设备名称、型号、规格、技术要求、数量等，充分做好前期的采购调研论证工作，要充分走市场、深入厂家了解情况，对采购方案可行性进行充分论证。要落实好仪器设备安装使用地点、领用人及其配套设施的调研论证。避免因仪器设备找不到合适的安装地点，只能暂放在备用库房等，甚至有的大型仪器设备配套设施不全，严重影响了仪器设备的正常验收和使用。

仪器设备在采购管理过程中要健全管理体制，规范运作流程，采购前充分做好前期的调研论证、集思广益、共同决策、减少失误，保证仪器设备从计划、论证到采购和验收入库按规范流程运作，尤其是在前期的调研论证过程中必须站在全局的角度，综合考虑、统筹安排。

3. 采购计划的制订与实施

仪器设备购置合同在签订时，必须以往来函电的洽商结果为依据；内容须明确表达供需双方的意见，书写清楚、文字准确、无漏洞；签订合同必须手续完备，符合国家法律法规和相关政策；合同必须考虑可能发生的各种变动因素，并列入防止和解决的方法；凡属计量器具的仪器设备，应在合同中明确由法定机构检定或校准合格，方可验收；合同中对仪器设备的交货期、配件、辅件、保修期等应予以明确，同时有相应的售后服务以及合同争议解决方式等条款。

仪器设备购置合同及协议书（包括附件和补充材料），订货过程中的往来函电和凭证，都应妥善管理，以便仪器设备购置过程中查询，并作为解决供需双方可能发生矛盾的依据。为便于管理和查询，合同应进行登记，设立专门的登记台账和档案。

在充分掌握市场信息和技术信息以及充分征求使用人员的意见的基础上，按程序制订计划并加以实施，要十分重视订货合同及其管理。

仪器设备的购置可考虑采取招标和选择评价供货商的方式。招标应按照国家相应法律、法规进行。选择评价供货商则可根据各仪器设备供货商的报价、售后服务、供货业绩等多方面予以考虑后确定。具体的购置方式可按采购的仪器设备的价值大小、主管部门的要求等因素进行选择。

公开招标采购，即由招标单位通过报刊、广播、电视等媒体工具发布招标广告，公开货物采购的条件和要求，凡对该招标项目感兴趣又符合投标条件的法人，都可以在规定的时间内向招标单位提交意向书，由招标单位进行资格审查，核准后购买招标文件，进行投标。

依据《中华人民共和国招标投标法》，招标投标程序如下：

招标人采用公开招标方式的，应当发布招标公告；招标人采用邀请招标方式的，应当向三个以上具备承担招标项目能力、资信良好的特定的法人或者其他组织发出投标邀请书。招标人根据招标项目的具体情况，可以组织潜在投标人勘察项目现场。投标人投标，开标，评标，确定中标人，订立合同，程序中每一步具体情况如下所述。

（1）招标

① 具有招标条件的单位填写招标申请书，报有关部门审批获准后，组织招标班子和评标委员会开会。

② 编制招标文件和标底。

③ 发布招标公告。

④ 投标者资格预审。

⑤ 文件答疑。

⑥ 接受投标方提交的投标文件。

（2）投标

① 投标人应当按照招标文件的要求编制投标文件。投标文件应当对招标文件提出的实质性要求和条件做出响应。

② 投标人应当在招标文件要求提交投标文件的截止时间前，将投标文件送达投标地点。

③ 投标人在招标文件要求提交投标文件的截止时间前，可以补充、修改或者撤回已提

交的投标文件,并书面通知招标人。

④ 投标人根据招标文件载明的项目实际情况,拟在中标后将中标项目的部分非主体、非关键性工作进行分包的,应当在投标文件中载明。

两个以上法人或者其他组织可以组成一个联合体,以一个投标人的身份共同投标。

(3)开标。开标应当在招标文件确定的提交投标文件截止时间的同一时间公开进行;开标地点应当为招标文件中预先确定的地点。开标由招标人主持,邀请所有投标人参加。开标时,由投标人或者其推选的代表检查投标文件的密封情况,也可以由招标人委托的公证机构检查并公证。经确认无误后,由工作人员当众拆封,宣读投标人名称、投标价格和投标文件的其他主要内容。招标人在招标文件要求提交投标文件的截止时间前收到的所有投标文件,开标时都应当当众予以拆封、宣读。开标过程应当记录,并存档备查。

(4)评标。评标由招标人依法组建的评标委员会负责。依法必须进行招标的实验室项目,其评标委员会由招标人的代表和有关技术、经济等方面的专家组成。评标委员会组成方式与专家资质将依据《中华人民共和国招标投标法》有关条款来确定。

(5)中标。中标人确定后,招标人应当向中标人发出中标通知书,并同时将中标结果通知所有未中标的投标人。招标人和中标人应当自中标通知书发出之日起 30 日内,按照招标文件和中标人的投标文件订立书面合同。招标人和中标人不得再行订立背离合同实质性内容的其他协议。中标人应当按照合同约定履行义务,完成中标项目。

4. 实验仪器设备的验收管理

实验仪器设备的验收管理是实现实验仪器设备计划的重要环节,是保证实验仪器设备质量的关键,是保证实验仪器设备投入正常使用的基础。常用实验仪器设备的验收,可由物资设备部门的验收人员、采购人员及使用单位的有关人员承担。实验仪器设备的验收一般分为常规验收和技术验收。

常规验收是指对实验仪器设备的自然情况按订货要求进行检验。主要目的是检验实验仪器设备是否按计划要求购入及对实验仪器设备的包装、外表完好程度进行检验,核对零配件、备件及说明书等技术资料是否齐全。

实验仪器设备技术验收的目的是保证实验仪器设备有一个良好的技术状态。技术验收的主要内容是按照说明书的要求安装调试实验仪器设备,检验实验仪器设备的各项技术指标是否达到规定要求。

验收人员必须做好验收记录,验收记录是实验仪器设备技术档案的重要组成部分之一,验收完毕后应及时投入使用。如果发现残缺或损坏,数量和质量不符合合同规定要求,或未按计划采购的,应和采购人员一起查明原因,及时办理退、换、补等手续。

(1)到货与接收

① 仪器设备验收前准备

a. 仪器设备到货后,实验室应安排或培训专职技术人员,熟悉厂商提供的技术资料。

b. 对精密贵重仪器和大型设备,应派专人按照所购仪器设备对环境条件的要求,做好试机条件的准备工作。

c. 在搬运至实验室指定位置的过程中,相关人员要做好管理和监督工作,防止搬运过程中发生意外事故。

② 内外包装检查。检查包装是否完好,有无破损、变形、碰撞创伤、雨水浸湿等损坏情况,包装箱上标志、名称、型号是否与采购的品牌相同。

③ 开箱检查。仪器设备由供货方运至实验室的相关场地后,应该进行开箱检查。开箱

检查一般由技术负责人组织设备管理部门、使用部门共同进行，并有供货方人员在场。开箱检查的主要内容包括：

  a. 外观包装是否完好。

  b. 按照装箱单清点零件、部件、工具、附件、备品、说明书和其他技术文件是否齐全，有无缺损。

  c. 检查仪器设备有无锈蚀，如有锈蚀，应及时处理。

  d. 不需要安装的备品、附件、工具等，应注意移交，妥善装箱保管。

  e. 对需要有基础安装的仪器设备，如万能材料试验机、压力机等，还需要核对设备的基础图和电气线路图；电源接线口的位置及有关参数是否与说明相符，检查验收情况应详细记录，作为该仪器设备的原始资料予以归档。对严重锈蚀、破损等情况，最好拍照或图示说明，以备查询，并作为向供货厂商进行交涉、索赔的依据。

  （2）验收与初检

  ① 数量验收

  a. 以供货合同和装箱单为依据，检查主机、附件的规格、型号、配置及数量，并逐件清查核对。凡有安装合同的仪器设备，要在供货方安装人员在场时才能开箱验收。

  b. 认真检查随机资料是否齐全，如仪器设备说明书、操作规程、检修手册、产品检验合格证书等。

  c. 做好数量验收记录，写明到货日期、验收地点、时间、参加人员、箱号、品名、应到和实到数量。

  ② 质量验收

  a. 要严格按照合同条款、仪器设备使用说明书、操作手册的规定和程序进行安装、调试、试机。

  b. 对照仪器设备说明书，认真进行各种技术参数测试，检查仪器设备的技术指标和性能是否达到要求。

  c. 质量验收时要认真做好记录。若仪器设备出现质量问题，应将详细情况书面通知供货单位。视情况决定是否退货、更换或要求厂商派人员检修。

  （3）仪器设备安装调试。仪器设备应根据技术条件和使用要求进行安装，安装时应注意安全、环境条件、仪器设备基础、用电负荷等满足相关要求，考虑便于仪器设备操作和维护修理。

  仪器设备的调试可分为空运转试验、负荷试验和示值准确度检查。仪器设备在安装完毕后，首先应进行空运转试验，特别是机械类的仪器设备，如压力机、万能材料试验机、切割机等，主要考核仪器设备的稳固性，以及液压、操作、控制、润滑等系统是否正常和灵敏可靠。在空运转试验无误的情况下，方可进行试压、试拉、试切割等负荷试验，检查在负荷试验情况下仪器设备是否能正常工作。凡属计量器具的示值准确度应以检定或校准合格为准。

  ① 到货仪器设备安装由实验室相关人员协助供应商完成。在调试过程中，要注意检查配件是否齐全。

  ② 设备安装完毕，项目责任人及设备操作人员按合同、仪器设备说明书要求，对仪器设备各项功能及指标进行试验及检查，检查其性能指标是否与说明书相符，是否达到合同的要求，并记录。如发现问题应及时反映给供应商解决。

  ③ 在对设备的验收完成后，所有参加验收工作的人员必须在验收报告单上签名确认，验收人要认真填写《仪器设备验收记录表》（表3-1）。把相关照片附于表单对应位置。

表 3-1 仪器设备验收记录表

设备名称		招标编号	
使用单位		经费来源	
合同厂商		合同价格	
设备管理员		安全责任人	
非标集成设备：□是　　□否		计量检测设备：□是　　□否	单一来源：□是　　□否
安全要素	□易燃易爆　□有毒　□危险化学品　□高温　□高压　□强电　□特种操作　□其他		
开箱记录及验收意见会签	1.仪器设备和附件外表完好、全新；主机和配件型号、数量符合合同约定 | 货物名称 | 型号 | 数量 | |---|---|---| |　|　|　| |　|　|　| □是　　□否：_____； 2.其他：_____； 验收人员签字：（项目组人员至少一人参加）　　20　年　月　日 （三位以上在职人员，50万元（含）以上须包括采购招标小组及档案馆人员）		
质量技术验收意见	质量技术指标已经过核查，符合招投标文件、合同规定的要求。验收通过。 附技术验收报告（计量检测设备需附第三方检测报告）。 本单位专家会签：（不能含有项目组人员） 外单位专家会签：　　　　　　　　　　　　　　20　年　月　日 （三位以上，100万元（含）以上或50万元（含）以上的单一来源或非标集成项目须有校外单位专家）		
技术安全验收意见	验收通过 其他说明： 参加人员签字（三位以上在职人员）：　　　　　20　年　月　日		
技安环保科核查意见：			
验收备忘（存在的问题解决方案完成时间）	项目负责人签署：　　　　　　　　设备供货方签署：		
本次设备购置已通过本单位组织的开箱验收、质量技术验收和技术安全验收，货物数量、材质、规格、型号符合合同约定，技术指标完全符合招标文件、投标文件中相应条款，技术安全措施完整科学。开箱验收、质量技术验收、技术安全验收以及相关记录或报告均已严格按照学校管理规定执行，签字完备，验收通过。 作为本次购置项目负责人（经办人），严格遵守国家法律法规、学校招标采购、仪器设备采购及验收管理办法，本次采购项目在论证、招标采购、项目实施和验收过程中，不存在套取资金、关联交易等弄虚作假行为。 项目经办人（签字）： 项目负责人（签字）： 单位领导意见： 　　　　　　　　　　　　　　　　　　　　　　　20　年　月　日			
职能部门意见	□开箱验收通过、签字完备。 □质量技术验收通过、签字完备。 □技术安全验收通过、签字完备。 形式审查无误。 　　　　　　　　　　　　　　　　签字： 　　　　　　　　　　　　　　　　单位盖章：		

（4）性能评价。性能评价是根据仪器设备进行开箱检查、安装调试后的结果，对整个仪器设备的技术性能是否符合规定要求及是否接收做出结论。

仪器设备在性能评价合格之后还需办理移交相关手续，对说明书、技术手册等资料应收集、纳入设备档案，归档保存。同时，按资产管理权限应纳入固定资产进行管理的仪器设备还应及时同本单位相关部门办理固定资产手续。

（5）注意事项。仪器设备到货后，一台仪器设备包括其各种配件，可能会有多个包装箱，在接收检验时，每个包装箱都要按照检验流程认真验收并拍照保留证据，每个包装箱都要填写《仪器设备验收记录表》，以备查阅。

5. 仪器设备供应商信息管理

仪器设备供应商信息管理主要是指对仪器设备供应商、仪器设备生产厂家进行调查选择的基础资料、供货业绩、评价资料的管理。在采购仪器设备和消耗材料前应对供应商进行选择，选择过程中应注意考察供应商，特别是仪器设备生产厂家的生产资质和能力。考察时可以直接通过生产厂家的宣传网站查证，也可查看由供应商提供的资料证明文件等；必要时，到该生产厂家所在地实地考察；注意向其他用户咨询使用该产品的质量、产品性能、服务质量、信誉等情况。一般来说，仪器设备的供应商应提供以下几种类型的基础资料：工商登记证书、税务登记证、制造计量器具许可证等；另外还有一些辅助性的资料，如产品的科研项目鉴定结论、企业质量管理体系认证证书、用户意见书等；以上各类资料，应整编归档，按一个供应商建立一个档案的方式建档。仪器设备供应商档案应包括如下内容：供应商名称、联系方式、地址、供应范围、以往供货业绩的记录、评价及各类基础资料的复印件或原件。

任务二　实验室仪器设备的一般管理

一、实验室仪器设备日常管理

（一）仪器设备的账卡建立和定期检查核对

凡是列入固定资产的仪器设备，按国家和企业有关规定进行分类、编号、登记、入账和建卡，卡片一式三份，其中企业设备管理部门一份，实验室一份，一份随仪器设备存在下级实验室。

企业财务部门建立固定资产分类总账，企业设备管理部门建立仪器设备进出的流水账、分类明细账和分户明细账。企业财务部门与企业设备管理部门定期核对，至少半年一次，应做到账账相符；企业设备管理部门与实验室、下级实验室或专业室也应定期核对，至少每年一次，应做到账、物、卡均相符。

实验室应对属于固定资产的仪器设备进行计算机管理，以便于更好地进行检索、核对、报废和赔偿等管理工作。

（二）仪器设备的保管和使用

仪器设备的单位应选派职业道德素质高、责任心强、工作认真负责，并具有较强业务能力的人员专职或兼职负责仪器设备的保管工作。对大型精密仪器设备的管理和使用，必须建立岗位责任制，制定操作规程和维护使用办法，上机人员必须经过技术培训，考核合格后方可使用。

（三）仪器设备的调拨和报废

实验室如有闲置或多余的仪器设备，应予调拨。实验室内部各专业室之间、企业内各部门之间实行无偿调拨；企业之外则实行有偿调拨。仪器设备调拨后应办理固定资产转移和相应的财务处理。

仪器设备达到使用技术寿命或经济寿命时，如确已丧失正常效能，或技术落后，能耗较大或损坏严重无法修复，有的虽能修复，但修理费用超过新购价格的50%，都应作报废处理。一般仪器设备的报废，由企业设备管理部门审核同意，大型精密仪器设备报废还需经企业主管领导审批，并报企业上级主管部门批准或备案。报废的仪器设备可以降级使用、拆零部件使用或交企业设备管理部门的回收仓库。同时，应做好变更固定资产价值或销账撤卡工作。

（四）仪器设备损坏、丢失的赔偿处理

仪器设备发生事故造成损坏或丢失时，应组织有关人员查明情况和原因，分清责任，做出相应的处理。

明确赔偿界限。因违反操作规程等主观因素造成的损坏均应赔偿，由于自然损耗等客观原因造成的损失可不赔偿。

确定赔偿的计价原则。损坏或丢失的仪器设备要严格计价赔偿，损坏的仪器设备应按新旧程度合理折旧并扣除残值计算；损坏或丢失零配件的，只计算零配件价格；局部损坏可修复的，只计算修理费。

在处理此类事件中应贯彻教育为主、赔偿为辅的原则。因责任事故造成仪器设备损失的，应责令相关人员认真检查，并按损失价值大小、造成事故的原因和态度给予适当的批评教育和经济赔偿。损失重大、后果严重、态度恶劣的，除责令赔偿外，还应给予行政处分甚至追究刑事责任。

（五）仪器设备的技术管理

1. 仪器设备的验收

仪器设备的验收重点在于对仪器设备质量的确认，此项工作一般是由仪器设备管理部门、使用单位和供货方的人员共同承担，主要从实物和技术性能两方面进行验收。进行实物验收时，首先除去外包装，检查仪器设备的外观是否完好无损，生产企业、颜色、型号、规格、元配件和数量等是否与合同约定的一致；进行技术性能验收是将仪器设备安装调试好后，检验其技术指标是否与说明书标注的相符，对分析测试仪器设备还需用标准样品进行测试，从而确定仪器设备的技术性能和精度是否稳定、可靠且符合合同要求。对进口仪器设备，还需增验进口许可证、免税批件和商检报告等。验收时应做好详细记录，提交验收工作报告，经各方签字认可后作为技术档案保存。验收工作中凡是发现仪器设备存在与合同约定不相符或破损短缺的情况，应及时查明原因，办理有关手续，进行退、换、补或索赔。对验收合格的仪器设备，进行编号、入账和建卡。

2. 仪器设备的维护保养和修理

仪器设备使用过程中，由于外界因素和仪器设备自身等多种原因，必然会导致仪器设备的技术性能发生一定程度的变化，甚至诱发故障或事故。因此，及时地发现和排除故障或事故的隐患，确保仪器设备正常运行显得尤为重要。在仪器设备的管理中，对仪器设备实施必需和合理的维护保养是实现仪器设备正常运行最有效的途径。

为了做好仪器设备的维护保养工作，首先应根据仪器设备各自的特点制定维护保养细则；严格做到维护保养工作经常化、制度化；坚持实行"三防四定"制度，即认真做到"防尘、防潮、防震"和"定人保管、定点存放、定期维护和定期检修"；将此工作纳入责任制管理范畴，从而使仪器设备整洁、安全运行、性能稳定达标。

仪器设备的修理也是仪器设备的管理中不可缺少的工作，仪器设备的修理可分为事后修理和事前检修。当某一仪器设备出现故障而不能运行时，维修人员对其进行故障原因的检查、修理或更换受损的零部件，进行必要的调试等，使该仪器设备恢复到正常运行状态。由于是出现故障后进行的修理，所以称为事后修理。事后修理因始料不及，可能使修理时间较长，对分析检验工作和生产都会带来影响，因此，必须及时进行。应创造条件建立实验室仪器设备维修站（点），培养仪器设备修理人员以承担实验室整个检验系统仪器设备的修理任务。实验室维修站（点）无法维修的仪器设备，应送相关厂商设置的产品维修网点进行维修。

3. 仪器设备性能的技术鉴定和校验

仪器设备性能的定期技术鉴定和校验，是合理地使用仪器设备、保证分析检验结果的准确性和可靠性所必须进行的工作。对实验室的分析测试仪器设备进行技术鉴定和校验工作，应指定专人负责管理。在仪器设备的使用过程中，如发现异常的现象，应立即停止使用，及时对其性能进行技术鉴定和校验，以此确定该仪器设备是保级使用还是降级使用或者是淘汰。与分析测试有关的计量仪器，在实际使用过程中，必须按规定期限进行计量检定，以确保其计量值传递的可靠性。对突然出现计量性能变化较大（测试结果可疑）的计量仪器，应停止使用，及时送专业检定机构进行计量检定。

（六）大型精密仪器设备管理

实验室常用的分析检验大型精密仪器设备主要有红外分光光度计、紫外分光光度计、原子吸收分光光度计、气相色谱仪、液相色谱仪、质谱仪、核磁共振波谱仪等。随着科学技术的飞速发展，大型精密仪器设备也正沿着综合化、复合型、多功能、灵敏度提高、精密度和准确度提高、性价比提高、对使用环境要求降低的趋势发展。

大型精密仪器设备管理的任务是最有效地做到买好、用好和管好这三方面的工作。通过计划管理、技术管理、经济管理等有效手段，充分利用实验室的人、财、物等资源，最大限度地发挥其使用效率和投资效益，为企业的生产、技术改造、新产品试制等提供切实的保证。

大型精密仪器设备的管理主要分为计划管理、技术管理、经济管理和使用管理考核四个方面。计划管理主要包括大型精密仪器设备购置计划的制订、论证、审批和实施；技术管理主要包括大型精密仪器设备的安装、调试、验收和索赔，建立操作规程，应用状态监测和故障诊断技术实施针对性的维护保养，开发新功能和改造老技术，建立技术档案等；经济管理主要包括大型精密仪器设备的机时定额管理、服务收费管理、利用率考核等；使用管理的考核是指通过建立考核内容与评估指标体系以及考核工作的实施,使仪器设备管理部门对大型精密仪器设备的使用管理状况有全面确切的了解,也使大型精密仪器设备的使用人员了解各自的工作成绩与不足,以进一步提高大型精密仪器设备的使用管理水平。

二、常用玻璃仪器日常管理

1. 玻璃仪器的特点

玻璃仪器是一类以玻璃为主要原料制作的实验仪器。由于玻璃的自身特性决定了玻璃仪器的如下特点。

(1)具有很高的化学稳定性、热稳定性。
(2)具有很好的透明度。
(3)具有良好的电绝缘性。
(4)具有一定的机械强度,耐磨性好。
(5)表面光洁,黏附性小,易于清洁。
(6)在一定的温度下可以进行加工,可以根据需要自行制作仪器或配件。

2. 常用仪器玻璃及应用

(1)高硼硅酸盐特硬质、硬质玻璃主要用于制作加热用玻璃仪器,如烧杯、烧瓶、蒸馏瓶等"烧器"类仪器。
(2)软质仪器玻璃主要用于制作形状复杂或几何尺寸要求高的仪器,如冷凝管、滴定管、容量瓶及其他容器类等仪器。
(3)石英玻璃属于特种玻璃,具有比高硼硅酸盐玻璃更高的热稳定性,可以耐受数百度温差的急冷急热,并可以在1100℃下工作。主要用于制作要求更高的"烧器"类仪器,或者要求在较高温度下工作的仪器。

常用仪器玻璃的组成见本书附录一表1。

由于"硅酸盐"不能耐受氢氟酸,所以玻璃仪器不能进行含有氢氟酸的实验。长时间接触强碱(特别是浓的或热的强碱),也可能使玻璃仪器(或玻璃容器)受到侵蚀。

3. 玻璃仪器的分类

(1)"烧器"类玻璃仪器。通常是一些名称中带有"烧"字的玻璃仪器,如蒸馏烧瓶、烧杯等。
(2)"量器"类玻璃仪器。通常在其名称中带有"量"字,如容量瓶、吸量管、量筒、量杯、移液管、滴定管等。

"量器"中的容量瓶、吸量管、移液管、滴定管又称为"精密玻璃量器(或基本玻璃量器)",用于液体准确计量。在管理和使用中有特别的规定。

(3)有特定用途的玻璃仪器。包括各种冷凝器、漏斗、干燥器、吸滤瓶、结晶皿等玻璃器皿,还有各种精密仪器的玻璃配件等,它们均有特定的用途。
(4)其他玻璃仪器。除了上述各类仪器以外的玻璃仪器,都归入这一类,包括各种、试剂瓶、玻璃管等,以及其他可以用于化学实验的玻璃制品。

4. 一般玻璃仪器的管理

(1)建立玻璃仪器的管理制度。包括采购、验收、入库、领用及破损登记等制度。
(2)分类存放。玻璃仪器入库应分类存放。

（3）避免撞击、敲打和重压。玻璃仪器属于"容易破碎"物品，必须轻拿轻放，避免碰撞、受压和其他暴力行为。

（4）避免直接加热。除"烧器"类玻璃制品可以直接加热（一般也应加石棉网垫）以外，其余玻璃制品只能使用水浴加热，且受热部位不能有气泡、压痕或者器壁厚薄不均匀现象。

当实验必须对玻璃仪器进行加热的时候（包括使用"烘箱"加热烘干仪器），需要从低温（一般是室温）开始，缓慢升高温度，避免急冷急热。精密量器类玻璃仪器不能加热和烘干。不可将热的液体倒进厚壁的玻璃仪器（或容器）内。

（5）不要使用硬物在玻璃仪器上划痕，以免破坏玻璃结构。使用玻璃棒时也不要磨、刮仪器器壁。

（6）不得用玻璃仪器进行有氢氟酸的实验，不要用玻璃仪器长时间存放强碱性物质，尤其是浓碱。

（7）玻璃仪器在使用前，必须进行清洗，不用的仪器应使其晾干，并不得有残存物，再用纸小心包裹好存放，使用具有强侵蚀性的强酸性或强碱性洗液时，必须彻底清洗，避免残留。玻璃仪器常用的洗涤液见本书附录一表2。

（8）成套的玻璃仪器应成套储存，玻璃器件之间应用软纸包裹分隔，并编号存放。

（9）凡带磨砂接头的玻璃仪器，在存放时应在磨砂处加一纸垫片，防止咬合黏结。

（10）重要的玻璃仪器，应进行编号，以便于管理。

5. 常用精密计量玻璃仪器的管理

（1）精密计量玻璃仪器属于精确计量器具，必须严格遵守计量管理规程和使用规范。

（2）定量分析使用的精密计量玻璃仪器，必须使用获得国家认证的仪器厂家生产的，符合 JJG 196—2006《常用玻璃量器》规定的技术要求，并带有 MC 标志的产品。

（3）精密计量玻璃仪器在使用前必须认真清洗干净，确保不存在影响容量计量和干扰实验的杂物。

（4）精密计量玻璃仪器在使用前必须认真按照 GB/T 12810—2021《实验室玻璃仪器 玻璃量器的容量校准和使用方法》进行计量校正，并定期进行校验，以保证其计量值的可靠性。经过校正的精密计量玻璃仪器，应予以编号，以便识别。

（5）精密计量玻璃仪器在使用中，除了必须遵守一般玻璃仪器的使用要求外，还禁止储存浓酸、浓碱和使用烘干法进行仪器的干燥（确有必要烘干者，应重新进行校正）。

（6）精密计量玻璃仪器的一般管理，参照一般玻璃仪器的管理相关条款。

三、计算机自动化设备及软件管理

随着科技发展，实验室中越来越多地应用到自动化设备。自动化是指使用机器代替或部分代替人在生产过程中的劳动，降低操作人员的劳动强度，提高生产效率和产品质量。自动化设备是众多自动化产品的统称。自动化设备是在无人干预的情况下，根据已经设定的指令或者程序，自动完成工作流程任务。

（一）自动化设备的管理与维修

1. 自动化设备管理与维修的内容

自动化设备管理与维修包括工程技术管理、财务经济管理、管理方法、维修管理（含备件管理）等方面。具体讲，工程技术管理是基础，财务经济管理是目的，管理方法是手段，维修管理是控制程序。

（1）工程技术管理实际上就是自动化设备的前期管理，引进或改造自动化设备时不要求最先进，而要求最适用，因为最先进的有时会发生产能过剩，造成资源浪费。因此，只有最适用的才是最合理的。

（2）使用自动化设备的目的就是追求效益最大化，以财务经济管理为根本目的。

（3）管理方法是设备全寿命周期内全过程管理，追求的是用最小的费用产生最大的效益，确保寿命周期费用平衡。

（4）维修管理（含备件管理）是自动化设备管理的一个重要方面。首先，自动化设备的备件费用一般较高，因此有必要建立"ABC"分类法库存管理理念。其次，维修手段要适应自动化设备要求，要采用先进的检查手段，如红外线温控仪、轴承失效检测仪、油液质量监测仪、振动分析仪等现代化监测手段。如有必要，可采用设备管理中常用的智能管理系统在线监测等，确保设备在计划生产期间内不停机。最后，维修方式可采用预知性维修和机会维修。

2. 自动化设备维修方式

传统的设备维修是事后维修和预防性维修相结合，其缺点是设备不坏不修，坏了才修，并易产生维修不足或维修过度的弊端，还会影响正常生产，所以这两种维修方式都不适合自动化设备的维修。自动化设备、自动化技术相对复杂，机电、气、液、仪一体化、配合化程度要求较高，生产中某一台自动化设备一旦停机就有可能造成生产线的全面停产，给生产造成很大损失。因此，在自动化设备维修体系中，应最大限度采用预知性维修和机会维修的方式。

（1）预知性维修。预知性维修采用计算机系统监视记录设备故障，依靠传感器和监视测量仪器感知诊断设备潜在故障信息，通过人工和计算机计算分析处理故障信息，对自动化设备故障定位，然后采取相应的维修方式。可以极大提高设备维修的及时性和有效性，避免维修不足和维修过度，提高设备的工作效率，减少非计划停机时间。

（2）机会维修。对自动化设备采取机会维修，是在实际工作经验中总结出来的，在设备点检中发现的不影响设备使用安全或暂时不影响生产的故障，可以在保证有效监控的条件下将维修时间安排在节假日或周末。

（二）自动化设备的维护

1. 设备维护的标准和内容

自动化设备维护的主要目的是保障设备能够正常运行，在正常使用条件下延长设备的使用寿命和使用效率，以达到节约成本的目的。因此，设备维护的标准应建立在设备正常运行的基础上，即设备在维护后能够最大化地恢复到现有工作状态，达到最佳的性能水平，以保障正常运行。设备的维护内容应在充分了解和掌握自动化设备结构的基础上进行确认，主要包括：定期检查设备的电源、气源、液压源、传动、控制；定期检查设备的传感器是否偏移原来位置；定期检查流量控制阀、压力控制阀和继电器等有无问题；经常对设备进行清洁保养；做好预知性维修和机会维修工作。

2. 自动化设备工作条件的维护

自动化设备的工作环境是影响设备正常工作的重要条件之一。由于自动化设备涉及诸多电子器件，敏感性强，其极易受到工作环境的影响，因此自动化设备工作条件的维护应从环境湿度、清洁度、温度等客观条件着手，查找影响自动化设备工作的潜在环境影响因素。

3. 建立信息化管理系统

自动化设备融合了较多现代科学技术，特别是计算机技术，信息化程度较高。因此，管理人员应结合现代信息技术构建信息化管理系统。例如，通过信息化管理系统的数据处理、数据查询和成本核算等功能模块，完成自动化设备的数据库查询（包括设备查询、领用查询、消耗查询）模块分析设计与实施。查询每台设备零件信息时，管理人员可随时掌握设备的现状及领用设备、消耗备品状况。更为重要的是，能够随时掌握在线设备的实时温度点、流量点、压力点、电流点、主要零件运行时间等状态数据，构建信息处理、传递、执行、诊断和监测等一系列综合性信息处理系统，提高管理工作的信息化、智能化、程序化程度。

自动化设备的管理和使用运行，越来越依靠系统的设备管理工程来进行成本和效率的控制。因此，设备管理与维修人员必须综合考虑设备运行成本和经济效益，改进传统设备管理和维修方式，利用现代科学技术手段，制定科学合理的管理措施和维修方式，不断提升设备管理的信息化、智能化、程序化水平，最大限度地降低设备的故障率和减少潜在隐患，不断提高设备的使用寿命和经济效益。

（三）计算机硬件的维护

进行计算机硬件的维护是为了保证硬件安全。在建设自动化设备系统时，就需做好机型的选择，必要设备和设施的设置（如电源、空调等），硬件管理制度等。在自动化设备系统的运行过程中，有时会出现计算机硬件的问题，需要通过对计算机硬件的维护加以解决。计算机是比较精密的机器，对机房的周围环境、布局都有严格的要求。其中电源电压的稳定性以及空气的温度、湿度、清洁度，环境的防震、防磁、防干扰，机房的防水、防火、防盗等措施，对自动化设备系统的安全运行都很重要。为此，国家专门制定了GB/T 2887—2011《计算机场地通用规范》、GB/T 9361—2011《计算机场地安全要求》等国家标准，我们可以根据本单位的实际情况和客观条件，参照实施。

计算机硬件的维护主要包括对计算机硬件设备进行检测、查找硬件故障以及更换已损坏的部件、清洗机械部件、根据工作需要更新一些不适应需要的硬件设备等。排除计算机硬件故障的关键是查找故障原因。只要找出故障所在，排除故障就有了依据。查找计算机硬件的故障可通过日常简单查找就可以找出，所以自动化设备系统的使用人员应该掌握一些日常简单查找的技术。只有当发生特别复杂的故障时，再求助于专业部门进行维护。日常简单查找的具体方法包括震动法、交换法和诊断程序法等。

1. 震动法

震动法是指通过机械震动查找可能产生故障的零部件。震动法经常用于查找计算机运行时好时坏的故障。这种故障产生的原因大多是由于接触不良或焊接不牢造成的。震动法的实施分为开机检查和关机检查，所谓开机检查是指断掉电源后，拔下有怀疑的插件，逐个检查接头是否牢固，重新插牢，再开机检查故障是否消除。

2. 交换法

交换法是指用无故障的零部件替换有怀疑的零部件，从而发现故障所在的一种检查方法。根据交换对象的不同，具体操作各异。如果机房内还有正常运行的同型号计算机的相同零部件，可以交换，观察故障是否清除。如果没有其他计算机，就准备一些常用的备件，在发生故障时替换检查。计算机的有些零件往往每台有好几个，如软盘驱动器、硬盘、内存条、扩展槽等，如果手头一时没有合用的备件，也可用同一台计算机内的零部件互相替换检查。

3. 诊断程序法

诊断程序是一种计算机软件，功能是诊断计算机各部件能否正常工作，有的既可用于对硬件故障的检测，又可用于对程序错误的定位。目前基本上所有的计算机都自带诊断调试程序，必要时可调用检查。

（四）计算机软件的维护

在自动化设备系统中，计算机软件包括磁盘操作系统、汉字系统、设备软件等。一般而言，磁盘操作系统和汉字系统都已相当成熟，万一发生问题可直接与销售商联系，很快就能解决。而设备软件在我国还正处于发展走向成熟阶段，在实际使用时可能会产生较多问题。所以在使用过程中逐步解决这些问题就成为自动化设备系统软件维护的主要工作。设备软件的维护任务主要包括：软件必须符合有关自动化设备等制度的规定，功能要完善，操作要方便，运行结果正确，软件自身要有防止非法修改和复制的功能等。为了完成上述维护任务，通常需要进行矫正性维护、适应性维护和完善性维护。计算机软件除了上述的组成部分以外，还有可能包括恶意侵入的程序，即计算机病毒。防治计算机病毒也是软件维护的重要任务之一。维护方法通常有以下两种。

1. 矫正性维护

矫正性维护是指改进软件在开发设计阶段未能发现的错误。在任何软件的开发设计过程中，无论采取多么严密的措施，都不可能保证程序绝对没有错误。有些错误是由于开发设计时考虑不周，有些是由于设计失误而未检查出来。经常发生的错误包括功能缺陷、性能缺陷以及程序设计错误等。发生上述错误，应及时进行矫正性维护，以提高软件的可靠性。矫正性维护大多集中在软件运行的初期。

2. 适应性维护

适应性维护是指由于软件应用条件发生变化，需要相应对软件所做的修改工作。由于设备软件是在特定环境中为特定目的运行，设备软件的适应性维护可进一步分为适应运行环境的维护和适应运行目的的维护。设备软件运行环境的变化包括计算机硬件配置的改变、操作系统的改变和汉字环境的改变。例如计算机上机的升档换代、输入/输出设备的改变以及从单用户发展到多用户或网络都属于计算机硬件配置的改变。

【课后小测】

一、填空题

1. 仪器设备的维护保养要坚持实行"三防四定"制度，即认真做到"＿＿＿＿、＿＿＿＿、＿＿＿＿"和"＿＿＿＿、＿＿＿＿、＿＿＿＿、＿＿＿＿"。

2. 大型精密仪器设备管理的任务是最有效地做到＿＿＿＿、＿＿＿＿、＿＿＿＿三方面的工作。

3. 自动化设备管理与维修内容包括＿＿＿＿、＿＿＿＿、＿＿＿＿、＿＿＿＿等方面。

二、单项选择题

1. 仪器设备出现故障应立即办理停用手续，张贴标识的颜色为（　　）。
　A. 绿色　　　　　　B. 红色　　　　　　C. 黄色　　　　　　D. 白色

2. 仪器设备的调试可分为空运转试验、（　　）和示值准确度检查。
　A. 加压实验　　　　B. 载荷试验　　　　C. 负荷试验　　　　D. 强度试验

3. 没有磨口部件的玻璃仪器是（　　）。
　A. 碱式滴定管　　　B. 碘瓶　　　　　　C. 酸式滴定管　　　D. 称量瓶

4. 能在烘箱中进行烘干的玻璃仪器是（　　）。
　A. 滴定管　　　　　B. 移液管　　　　　C. 称量瓶　　　　　D. 常量瓶

5. 下列不属于实验设备验收管理的是（　　）。
　A. 到货与接收　　　　　　　　　　　　B. 验收与初检
　C. 仪器设备安装调试　　　　　　　　　D. 仪器设备的调拨和报废

三、判断题

1. 暂时不用的磨口仪器应干燥后在磨口处垫一纸条用皮筋拴好塞子后保存。（　　）
2. 高硼硅酸盐硬质玻璃主要用于制作形状复杂或几何尺寸要求高的仪器。（　　）
3. 表面皿可直接加热。（　　）

四、问答题

1. 实验室仪器设备管理日常工作都包括哪些内容？
2. 实验仪器设备的报废应如何管理？

项目四
实验室试剂管理

学习目标

知识目标：
1. 了解实验室化学试剂的分级；
2. 了解危险实验试剂采购流程；
3. 掌握实验室各种化学试剂的日常管理。

能力目标：
1. 能够对实验室中的试剂进行分类；
2. 能对实验室各种化学试剂进行正确管理。

思政目标：
1. 具备认真负责、坚持原则、实事求是、一丝不苟、严谨求实的科学作风和职业态度；
2. 具备保护环境和节约资源意识；
3. 具备努力学习、积极进取的人生态度。

案例引入

2011年10月，湖南某大学化学化工实验室，因药物储柜内的三氯氧磷、氰乙酸乙酯等化学试剂存放不当，遇水自燃，引起火灾。整个四层楼内全部烧为灰烬，实验室的电脑和资料全部烧毁，最后导致火灾面积近790平方米。

事故原因：实验室西侧操作台有漏水现象，遇水自燃试剂未放置在符合安全条件的储存场所，对遇湿易燃物品管理不严。

请你分析上述案例中仪器设备管理过程中存在的问题，制定一个健全、有效的管理制度。

任务一　实验室试剂的分级和包装

一、化学试剂的概念

化学试剂是进行化学研究、成分分析的相对标准物质，是科技进步的重要条件，广泛应用于医疗卫生、生命科学、生物技术、环境保护、能源开发、国防军工等科研领域和国民经济发展的各个行业。

化学试剂有四个主要特点：

（1）品种多。据统计，现在世界上生产和储备的化学试剂有4万～5万种，而且每年都有新的品种出现，以便满足科学技术发展中提出的新的需求。

（2）质量要求严格。由于化学试剂与科学实验密切相关，其质量好坏直接影响科学实验的结果，所以每种化学试剂都有相应的技术指标和质量标准，随着科学技术的发展，对化学试剂的质量要求也在逐渐提高。

（3）应用面广。在现有的科学领域的各个学科和目前经济发展的各个行业中，几乎没有不用化学试剂的。随着学科之间的相互渗透，需要使用化学试剂的领域也会越来越多。

（4）用量少。化学试剂中用量最大的通用试剂中的三酸（硫酸、硝酸和盐酸），二碱（氢氧化钠和碳酸钠），乙酸等品种每年全国的需求量可达数百吨至千余吨。但大多数品种只需若干千克，有的甚至只需几克，但它们都是不可缺少的。

化学试剂在储存、运输和销售过程中会受到温度、光照、空气和水分等外在因素的影响，容易发生潮解、变色、聚合、氧化、挥发、升华和分解等物理、化学变化，使其失效而无法使用。因此，要采用合理的包装，适当的储存条件和运输方式，保证化学试剂在储存、运输和销售过程中不会变质。对一些储存和运输有特殊要求的化学试剂应按特殊要求办理。有些化学试剂有一定的保质期，使用时一定要注意。化学试剂中有一些是属于易燃、易爆、有腐蚀性、有毒或有放射性毒害的化学品，一定要按安全操作规程及安全管理规程使用和存放。总之在使用化学试剂之前一定要对所用的化学试剂的性质、危害性及应急措施有所了解。

二、化学试剂的分级

通常化学试剂可以按其纯度分为四级：一级品（保证试剂或优级纯）、二级品（分析纯）、三级品（化学纯）、四级品（实验试剂）。具体化学试剂等级见表4-1。

表4-1 化学试剂等级标志对照

试剂等级	1	2	3	4
	一级品	二级品	三级品	四级品
中文标志	优级纯	分析纯	化学纯	实验试剂
符号	GR	AR	CP	LR
标签颜色	绿色	红色	蓝色	黄色、棕色等
纯度标准	纯度极高≥99.8%	纯度较高≥99.7%	纯度较差≥99.5%	杂质较多
适用范围	精密分析及科研测定工作	一般分析和科研工作	工业和教学中一般分析及其有关制备工作	教学一般实验，或科研工作的一般辅助试剂

除了以上四个级别外，目前市场上尚有基准试剂（PT）、光谱纯试剂（SP）、高纯试剂（UP）等。基准试剂相当于或高于优级纯试剂，专门作为基准物质用，可直接配制标准溶液，其主要成分含量为99.95%～100%，杂质总量不超过0.05%。光谱纯试剂表示光谱纯净，但由于有机物在光谱上显示不出来，所以有时候主要成分达不到99.9%以上，使用时必须注意，特别是作为基准物时，必须进行标定。高纯试剂又称超纯试剂，其主要成分含量在99.99%以上，杂质含量比优级纯低，主要用于微量及痕量分析中试样的分解及试剂的制备。

三、化学试剂的包装

化学试剂的包装单位是指每个包装容器内盛装化学试剂的净重（固体）或体积（液体）。

包装单位的大小由化学试剂的性质、用途和经济价值决定。通常，化学试剂纯度越高，包装单位就越小，单位价格越高，使用量通常也越小。

根据化学试剂的性质和使用要求，GB 15346—2012《化学试剂包装及标志》将化学试剂包装单位规定为五类，见表 4-2。

表 4-2 化学试剂包装单位

类别	固体产品包装单位 /g	液体产品包装单位 /mL
1	0.1，0.25，0.5，1	0.5，1
2	5，10，25	5，10，20，25
3	50，100	50，100
4	250，500	250，500
5	1000，2500，5000，25000	1000，2500，3000，5000，25000

任务二 实验室试剂管理

一、实验室一般试剂管理

1. 建立健全的化学试剂管理制度

建立健全的化学试剂管理制度包括申购、审批、采购、验收入库、保管保养、领用、定期盘点、退库及过期试剂的报废处理等方面的管理制度，防止化学试剂外流。化学试剂申购表见表 4-3。

表 4-3 化学试剂申购表

申请部门			申请时间	
生产者或供应商				
化学试剂名称（CAS 号）	技术要求	申购数量	价格	备注
经费预算				
科室负责人意见				
			科室负责人　年　月　日	
审核意见				
			技术主管　年　月　日	
批准意见				
			站长　年　月　日	

2. 做好化学试剂的采购、储存量控制

（1）常用的普通化学试剂通常按季度消耗量采购，其中使用量较少的试剂可按年度用量采购，用量特别少的试剂（如指示剂等）则以最小包装单位的数量进行采购。

（2）容易变质的化学试剂尽量少采购、少储存。

（3）采购试剂的级别必须符合实验要求，不允许将低级别的试剂"升级"使用，为了减少采购品种和数量，可以将高级别的化学试剂少量地用于较低档次的实验。

（4）尽可能避免使用高毒性、高危险性的化学试剂，除非标准中有具体的规定，必须使用时也应尽量少采购、少储存。

3. 做好化学试剂的验收入库工作

（1）化学试剂验收的依据：采购计划、采购单、送货单等。

（2）验收程序：审核单据，单货核对，质量点验。验收过程中应坚持"以单为主，以单核货，逐项对列，件件过目"的基本原则，避免出现差错。

（3）验收要求：凡入库的化学试剂必须单、货相符，品种、规格、数量一致，包装完好、标签完整、字迹清楚，无泄漏、水湿现象，液态试剂应无沉淀物并呈现标签所规定的性状的均匀状态，固体试剂呈无吸湿、潮解现象。不合要求的化学试剂不得入库，不能退换或移作他用的试剂，应做报废及销账处理。

（4）定位保管：根据试剂的种类和性质，分门别类地放置于指定位置存放保管，基准试剂和标准试样应专柜存放，其余试剂按规定分类存放。

（5）办理入库手续：经过验收的化学试剂应及时办理入库手续，登记入账，以便迅速投入使用，并填写试剂入库验收记录表（表4-4）。

表4-4　试剂入库验收记录表

日期	试剂名称	规格	数量	批号	有效期	生产厂家	外包装检查	验收人

4. 做好化学试剂经常性的保管保养工作

（1）经常检查贮存中的化学试剂的存放状况。发现试剂超过有效期或变质应及时报告，并按规定妥善处理（降级使用或报废）和销账。

（2）避免环境和其他因素的干扰。所有化学试剂一经取出，即不得再放回原储存容器；属于必须回收的试剂或指定需要退库的试剂，必须另设专用容器回收或储存；具有吸潮性或易氧化、易变质的化学试剂必须密封保存，避免吸湿潮解、氧化或变质。

（3）定期盘点、核对。对库存试剂定期盘点，并填写盘点记录表（表4-5）。发现差错应及时检查原因，并报主管领导或部门处理。

表4-5　化学试剂盘点记录表

盘点日期	试剂名称	规格	单位	入库总数量	总金额	结存数量	总金额	差异

5. 一般化学试剂的分类存放

（1）无机物。按盐类、氧化物（均按元素周期表分类）、碱类、酸类等类别分别管理和

保存。特别是液体试剂和固体试剂应分柜存放。

（2）有机物。按官能团，如烃、醇、酚、酮等分类存放。

（3）指示剂。按酸碱指示剂、氧化还原指示剂、配合滴定指示剂、荧光指示剂和染色剂等分类存放。

化学试剂种类繁多，要求管理人员必须具备从事化学试剂管理的必要知识，包括常用试剂的性状、用途、一般安全要求，报废试剂的处理及消防知识。

二、实验室危险试剂管理

（一）危险化学品的分类及标签

根据 GB 13690—2009《化学品分类和危险性公示通则》将化学品危险性分为理化危险、健康危险及环境危险三大类。

实验室中最常见的理化危险又分为十六类，即爆炸物、易燃气体、易燃气溶胶、氧化性气体、压力下气体、易燃液体、易燃固体、自反应物质或混合物、自燃液体、自燃固体、自热物质和混合物、遇水放出易燃气体的物质或混合物、氧化性液体、氧化性固体、有机过氧化物及金属腐蚀剂。

健康危害包括急性毒性、皮肤腐蚀/刺激、严重眼损伤/眼刺激、呼吸或皮肤过敏、生殖细胞致突变型、致癌性、生殖毒性、特异性靶器官系统毒性——一次接触、特异性靶器官系统毒性——反复接触、吸入危险。

环境危险主要是指对水环境的危害。

常见的化学品均采用 GB 30000.2—2013 ～ GB 30000.26—2013、GB 30000.28—2013 规定的危险象形图，见表 4-6。

表 4-6　9 种危险象形图

危险象形图			
该图形对应的危险性类别	爆炸物，类别 1～3； 自反应物质，A、B 型； 有机过氧化物，A、B 型	压力下气体	氧化性气体； 氧化性液体； 氧化性固体
危险象形图			
该图形对应的危险性类别	易燃气体，类别 1； 易燃气溶胶； 易燃液体，类别 1～3； 易燃固体； 自反应物质，B～F 型； 自热物质； 自燃液体； 自燃物体； 有机过氧化物，B～F 型； 遇水放出易燃气体的物质	金属腐蚀物； 皮肤腐蚀/刺激，类别 1； 严重眼损伤/眼睛刺激，类别 1	急性毒性，类别 1～3

续表

危险象形图	 ⚠	 ☣	 🌿
该图形对应的危险性类别	急性毒性，类别4；皮肤腐蚀/刺激，类别2；严重眼损伤/眼睛刺激，类别2A；皮肤过敏	呼吸过敏；生殖细胞突变性；致癌性；生殖毒性；特异性靶器官系统毒性一次接触；特异性靶器官系统毒性反复接触；吸入危害	对水环境的危害，急性类别1，慢性类别1、2

（二）危险化学试剂的采购

危险化学试剂的采购需提供购买申请表，销售单位生产或经营危险化学试剂的资质证明，购买企业的社会统一信用代码，以及法人及经办人的身份证明复印件等去公安局相关管理部门进行备案，采购流程如图4-1所示。

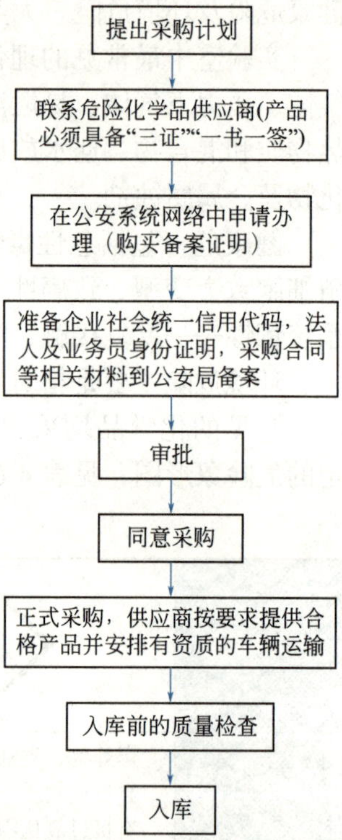

（三）危险化学试剂的存放

储存危险化学品的建筑物不得有地下室或其他地下建筑，其耐火等级、层数、占地面积、安全疏散和防火间距，应符合国家有关规定。储存地点及建筑结构的设置，除了应符合国家有关规定外，还应考虑对周围环境和居民的影响。储存易燃、易爆危险化学品的建筑，必须安装避雷设备。储存危险化学品的建筑必须安装通风设备，并注意设备的防护措施。储存危险化学品的建筑的通排风系统应设有导除静电的接地装置。通风管应采用非燃烧材料制作。

（1）易燃、易爆化学试剂必须存放于专用的危险性试剂仓库里，并存放在不燃烧材料制作的柜、架上，仓库温度不宜超过28℃，按规定实行"五双"制度（双人双锁保管、双人收发、双人运输、双账、双人使用）。实验室少量瓶装试剂可设危险品专柜，按性质分格储存，同一格内不得与氧化剂混合储存，并根据储存种类配备相应的灭火设备和自动报警装置。低沸点极易燃烧的试剂宜在低温下储存（5℃以下，禁用产生电火花的普通家用电冰箱储存）。

（2）化学试剂中遇水易燃试剂一定要存放在干燥，暴雨或潮汛期间保证不进水、不漏水的仓库。不得与有盐酸、硝酸等散发酸雾的物品存放在一起，亦不得与其他危险品混存、混放。

（3）压缩气体和液化气体必须与爆炸物品、氧化剂、易燃物品、自燃物品、腐蚀性物品隔离储存。易燃气体不得与助燃气体、剧毒气体同储存，氧气不得与油脂混合储存，盛装液化气体的容器属于压力容器的，必须有压力表、安全阀、紧急切断装置，并定期检查，不得超装。

```
提出采购计划
    ↓
联系危险化学品供应商(产品
必须具备"三证""一书一签")
    ↓
在公安系统网络中申请办
理（购买备案证明）
    ↓
准备企业社会统一信用代码，法
人及业务员身份证明，采购合同
等相关材料到公安局备案
    ↓
审批
    ↓
同意采购
    ↓
正式采购，供应商按要求提供合
格产品并安排有资质的车辆运输
    ↓
入库前的质量检查
    ↓
入库
```

图4-1 危险化学品采购流程

（4）氧化性试剂则不得与其他性质抵触的试剂共同储存。包装要完好，密封，严禁与酸类混放，应置于阴凉通风处，防止日光暴晒。

（5）腐蚀性试剂的储存容器必须按不同的腐蚀性合理选用，酸类应与氰化物、发泡剂、遇水燃烧品、氧化剂等远离，不宜与碱类混放。

（6）剧毒性试剂应远离明火、热源、氧化剂、酸类及食用品等，置于通风良好处储存，一般不得与其他种类危险化学试剂共同储存，且应按规定贯彻"五双"制度。

常用危险化学试剂的储存见表 4-7。

表 4-7 常用危险化学试剂的储存

常用危险化学试剂	常见品种	特性	储存方法
易燃易爆品	汽油、乙醇、钾、钠、乙醚、乙酸乙酯、硝化甘油、丙酮等	遇明火燃烧，瞬间剧烈反应	① 存放处阴凉、通风、室温低于30℃。 ② 远离热源、氧化剂及氧化性酸类。 ③ 试剂柜铺上干燥黄沙
强氧化性物品	硝酸钾、高氯酸、高锰酸钾、过硫酸钠、氯酸钠	强氧化性，遇酸碱、易燃物、还原剂即反应	① 存放处阴凉、通风。 ② 与易爆、可燃、还原性物品隔离
强腐蚀性物品	硫酸、盐酸、硝酸、氢氧化钠、氢氟酸、苯酚	强腐蚀性	① 存放阴凉、通风。 ② 储存容器按不同腐蚀性合理选用。 ③ 存入用耐腐蚀性材料制成的试剂柜中。 ④ 酸类应与氰化物、遇水燃烧品、氧化剂等远离
放射性物品	夜光粉、铈钠复盐、发光剂、医用同位素 p-32、铀 -238、钴 -60、硝酸钍	放射性	① 内外容器存放，存入由屏蔽作用材料制成的试剂柜中。 ② 防护设备、操作器、操作服。 ③ 远离其他危险品，包装不得破损，不得有放射性污染。 ④ 存过放射性物品的地方，应在专业人员的监督指导下，进行彻底的清洁，否则不得存放其他物品

（四）危险化学试剂的安全使用

为了安全起见，危险化学试剂使用前要对其性质有一个全面了解：是否易燃、易爆，是否具有腐蚀性，是否具有氧化性，是否为剧毒性试剂等。

（1）易燃、易爆化学试剂。严禁明火作业，加热也不能直接用加热器。实验人员要穿好必要的防护用具，最好戴上防护眼镜。

（2）遇水易燃试剂。使用时避免与水直接接触，也不要与人体直接接触，避免灼伤。

（3）强氧化性化学试剂。使用这类强氧化性化学试剂时，环境温度不要高于30℃，通风要良好，且不要与有机物或还原性物质共同使用（加热）。

（4）强腐蚀性化学试剂。碰触到任何强腐蚀性化学试剂都必须及时清理，因此在使用前一定要了解接触到的这些强腐蚀性化学试剂的急救方法。

（5）有毒化学试剂。使用前了解所用有毒化学试剂的急救方法，使用时要避免大量吸入，在使用完毕后，要及时清洗，并更换工作服。

（6）放射性化学试剂。使用这类物质需要特殊防护设备和了解相关知识，防止放射性物质的污染与扩散。

（五）剧毒化学品保管、发放、使用、处理制度

为了严管剧毒化学品的储存、保管、使用和处理，防止意外流失，造成不良后果和危害，应对其进行严格的管理，主要包括以下几个方面：

（1）剧毒化学品仓库和保存箱必须由两人同时管理。双锁，两人同时到场开锁。凡是领用单位必须是双人领取，双人送还，否则剧毒化学品仓库保管员有权不予发放。

（2）严格执行化学试剂在库检查制度，对库存试剂必须进行定期检查，发现有变质或有异常现象要进行原因分析，提出改进试剂储存的条件和保护的措施，并及时通知有关部门处理。

（3）对剧毒化学品发放本着先入先出的原则，发放时有准确登记（试剂的计量、发放时间和经手人）。领用剧毒化学品试剂时必须提前申请上报，做到用多少领多少，并一次配制成使用试剂。

（4）剧毒化学品保管人员必须熟悉剧毒化学品的有关物理化学性质，以便做好仓库温度控制与通风调节。使用剧毒试剂时一定要严格遵守分析操作规程。使用剧毒试剂的人员必须穿好工作服，戴好防护眼镜、手套等劳动保护用具。

（5）对使用后产生的废液不准随便倒入水池内，应倒入指定的废液桶或瓶内。产生的废液要在指定的安全地方用化学方法中和处理。废液必须当天处理不得存放。同时要建立废液处理记录，记录内容包括：废液量、处理方法、处理时间、处理地点、处理人。

三、实验室标准物质管理

标准物质（reference material，RM）：是一种已经确定了具有一个或多个足够均匀的特性值的物质或材料，作为分析测量行业中的"量具"，在校准测量仪器和装置，评价测量分析方法，测量物质或材料特性值和考核分析人员的操作技术水平，以及在生产过程中产品的质量控制等领域起着不可或缺的作用。

（一）标准物质特性

准确性、均匀性和稳定性构成了标准物质的三大基本要素。

1. 准确性

通常标准物质证书中会同时给出标准物质的标准值和计量的不确定度，不确定度的来源包括称量、仪器、均匀性、稳定性、不同实验室之间以及不同方法所产生的不确定度，均需计算在内。

2. 均匀性

均匀性是物质的某些特性具有相同组分或相同结构的状态。计量方法的精密度即标准偏差可以用来衡量标准物质的均匀性，精密度受取样量的影响，标准物质的均匀性是对给定的取样量而言的，均匀性检验的最小取样量一般都在标准物质证书中给出。

3. 稳定性

稳定性是指标准物质在指定的环境条件和时间内，其特性值保持在规定的范围内的能力。

（二）标准物质的管理

标准物质的管理方法与一般化学试剂基本相同，但相较于一般化学试剂更为严格。

1. 标准物质的购买

由检测人员提出标准物质采购需求，标准物质管理员编制申购计划，交实验室负责人审批、领导批准后购置。申购计划应包括名称、规格、数量、定值范围、成分、用途等。

标准物质管理员负责标准物质采购。标准物质有其稳定的一面，要想保证标准物质的稳定性，最好有固定的供应商，一般情况下不要随便更换供应商。供应商的选择一般有以下几点注意事项。

（1）用于设备校准类的标准物质。一般选择设备的生产商提供的标准物质，如购买的pH计为梅特勒生产的，那么标准溶液的选择最好就要选择该生产商提供的pH缓冲溶液，这样可以减少因为标准溶液使用不当而造成设备的损伤，能有效提高设备的使用寿命。

（2）标准物质的选择要保证供应商的资质。对于提供标准物质的供应商一般对其生产资质是有要求的，对于这类有资质的供应商提供的产品可以放心使用。一般这种资质可以从网上查询到，也可以在对供应商评价时索要，只有具有生产资质的供应商才能选择。

（3）对于有溯源要求的标准物质，可以委托供应商到当地的检定机构对购买的标准物质进行检定或校准，这样能保证我们使用的标准物质可溯源。

2. 标准物质的验收入库

标准物质验收时应检查：外观、保质期及证书，标准物质名称、编号、技术特性（均匀性、稳定性、标准值及不确定度等）是否符合使用要求。建立标准物质台账，内容主要包括：序号、标准物质名称及编号、型号规格、标准值及不确定度、数量、研制单位、有效期、验收情况及日期。验收合格者登记入库，对不合格的标准物质，采取退货或索赔措施，严禁不合格标准物质入库。

3. 标准物质的储存

（1）标准物质应按照证书中规定的保存条件、保存期限保存，妥善管理标准物质。定期对储存标准物质的冰箱进行监控记录。通常用安瓿瓶装的液体物质可存放在泡沫盒内，固体物质存放在干燥器内密闭保留，钢瓶装的标准气体应该用金属链固定。当标准物质证书上有存放要求（如避光、低温等）时，应按指定的要求保存。用于质控的标准样品，其证书由综合管理员统一保管。

（2）对于自配的各类贮备液，应按存放条件要求相对集中存放，专人管理。

4. 标准物质的使用

（1）标准物质统一由相关部门负责人领取，领用后由部门负责人负责妥善保存及正确使用。

（2）在使用标准物质前，要详细了解该标准物质的性质、化学组成、量值特点、稀释方法、最小取样量、介质和标准值的测定条件，保证测定结果的准确可靠，避免误用。

（3）用于考核的标准样品，被考核人员要在规定期限内，将标样考核结果报告质控室，由质控室负责对考核结果进行评价。

5. 标准物质的过期处置

确认已变质的和超过有效期的标准物质，要定期进行报废处置，分区存放，及时从正在使用的标准物质目录中注销。做废弃处置的标准物质不得污染环境，应采取相应的安全处置方式进行销毁。处置时应有2人以上人员参加，并做好处置记录。

【课后小测】

一、填空题

1. 化学试剂的主要特点是_____、_____、_____、_____。
2. 化学纯试剂的国际通用英文缩写符号为_____。
3. 分析纯试剂的标签颜色为_____。

二、单项选择题

1. 一般分析实验和科学研究中适用（　　）。
   A. 优级纯试剂　　　B. 分析纯试剂　　　C. 化学纯试剂　　　D. 实验试剂
2. 某一试剂为优级纯，则其标签颜色应为（　　）。
   A. 绿色　　　　　　B. 红色　　　　　　C. 蓝色　　　　　　D. 咖啡色
3. 不同规格的化学试剂可用不同的英文缩写符号表示，下列（　　）分别代表优级纯试剂和化学纯试剂。
   A. GB，GR　　　　B. GB，CP　　　　C. GR，CP　　　　D. CP，CA
4. 化学试剂优级纯的纯度要求为（　　）。
   A. ≥99.6%　　　　B. ≥99.7%　　　　C. ≥99.8%　　　　D. ≥99.9%
5. 对于危险化学品储存管理的叙述不正确的是（　　）。
   A. 在储存危险化学品时，室内应备齐消防器材，如灭火器、水桶、砂子等，室外要有较近的水源
   B. 在储存危险化学品时，化学药品储存室要由专人保管，并有严格的账目和管理制度
   C. 在储存危险化学品时，室内应干燥、通风良好，温度一般不超过28℃
   D. 化学性质不同或灭火方法相抵触的化学药品要存放在地下室同一库房内
6. 应该放在远离有机物及还原物质的地方，使用时不能戴橡胶手套的是（　　）。
   A. 浓硫酸　　　　　B. 浓盐酸　　　　　C. 浓硝酸　　　　　D. 浓高氯酸

三、判断题

1. 实验中应该优先使用纯度较高的试剂以提高测定的准确度。（　　）
2. 指示剂属于一般试剂。（　　）
3. 化学试剂中二级品试剂常用于微量分析、标准溶液的配制、精密分析工作。（　　）
4. 一化学试剂瓶的标签为红色，其英文字母的缩写为 AR。（　　）

四、问答题

1. 一般化学试剂的管理包括哪些方面？
2. 危险化学试剂的安全使用要求有哪些？

项目五
实验室安全管理

学习目标

知识目标：
1. 了解实验室安全标识、安全守则及实验室一般安全知识；
2. 掌握实验室常见安全事故的发生和预防；
3. 掌握实验室伤害事故的紧急处理方法；
4. 掌握实验室废弃物的处理方法。

能力目标：
1. 能够识别常见的安全标识并自觉遵守；
2. 能够对可能产生的实验室安全事故采取预防措施；
3. 能对实验室安全伤害事故采取适当的救治方法；
4. 能正确处理实验废弃物保护环境安全。

思政目标：
1. 具备责任意识和安全意识；
2. 具备环保意识、法治意识以及"绿水青山就是金山银山"的发展理念；
3. 具有整理、整顿、清扫、清洁、卫生的职业素养。

案例引入

2018年12月26日，北京某大学市政与环境工程实验室发生爆炸燃烧，事故造成3人死亡。经查证，该起事故直接原因为：在使用搅拌机对镁粉和磷酸搅拌过程中，料斗内产生的氢气被搅拌机转轴处金属摩擦、碰撞产生的火花点燃爆炸，继而引发镁粉粉尘云爆炸，爆炸引起周边镁粉和其他可燃物燃烧。事故调查组同时认定，某大学有关人员违规开展试验、冒险作业；违规购买、违法储存危险化学品；对实验室和科研项目安全管理不到位。

2021年10月24日15时54分，南京某大学将军路校区材料科学与技术学院实验室发生爆燃。该事故造成2人死亡，9人受伤。据调查，该事故系镁粉、铝粉爆燃所致。

在为逝者感到惋惜心痛的同时，我们更应从这些事故当中总结经验教训，保证实验室安全。

任务一　实验室安全一般管理

实验室安全是实验室进行正常工作的基本条件。统计分析表明，实验室发生设备事故和人身事故往往都是因为管理不善、措施不力、操作不当或认识不够所致，因此，树立"安全第一"的观念、营造实验室安全工作环境、保护实验室人员的安全，是实验室管理需要解决的首要问题。

一、实验室潜在的危险因素

（一）潜在危险的客观因素

实验室通过各类化学试剂及相关辅助电气设备实现和完成实验的全过程。由于使用的试剂或储存的化学药品中，有的具有挥发性，有的具有易燃性，有的具有毒性或腐蚀性，实验中也会产生有毒有害气体，甚至反应控制不当会造成燃烧或爆炸等，这些都是客观存在的潜在危险。除此之外，由于操作者在实验过程中的操作不慎、粗枝大叶，也会造成偶然的意外事故发生。

（二）实验室潜在危险的分类

1. 爆炸危险

实验室发生燃烧的危险带有普遍性，这是由于实验室中经常使用易燃物品，如低温着火性物质（P、S、Mg），此类物质受热或与氧化性物质混合，即会着火；再如乙醚、乙醛等有机溶剂，它们的着火温度及燃点很低，很容易着火；易爆物品如强氧化性物质（高氯酸盐、无机氧化物、有机过氧化物等），此类物质因加热撞击而发生爆炸，所有要远离烟火和热源。此外，实验中还常使用高压气体钢瓶、低温液化气体、减压蒸馏与干馏等设备，如果处理不当，再遇上明火或撞击，往往酿成火灾事故，轻者造成人身伤害、仪器设备破损，重者则成人员伤亡、房屋破损。

2. 中毒危险

实验室中大多数化学药品是有毒物质，这种说法并不夸张。通常由于实验用量很少，一般不会引起中毒事故，除非严重违反使用规则。但是，毒性较大的物质以及化学反应中产生的有毒气体也能引起中毒事故的发生，如果人员不注意甚至会有生命危险。

3. 触电危险

检验工作离不开电气设备。如加热用的电炉、灼烧用的高温炉、测试用的各类仪器设备等都直接与电有关，在频繁的分析测试过程中，如果不认真执行操作规程，就可能造成触电，甚至会由触电引发更大的事故。

4. 割伤、烫伤和冻伤危险

分析检验工作经常用到玻璃器皿，如配制标准溶液、滴定分析操作、切割玻璃管、用电炉加热、使用冷冻剂等，如果操作者在操作过程中疏忽大意或思想不集中，就可能造成皮肤与手指等部位割伤、烫伤或冻伤。

5. 射线危险

常年从事放射性物质分析或X射线衍射分析的人员，如果不重视射线的防护，可能会受到放射性物质及 X 射线的伤害。

虽然客观上存在着以上潜在危险，但是，只要我们严格地按操作规程及规章制度去做，坚持安全第一的原则，预防措施妥当，就完全可以减免事故发生的频率，甚至完全杜绝事故的发生。

二、实验室基本安全守则

在进行实验之前，首先要了解实验室的自然环境，并熟悉与实验过程相关的知识，做到事先有充足的准备，知道自己要做什么、为什么做、怎么做、应注意什么、出现意外事故应如何处理，这样就可以避免事故发生，做到万无一失。实验室安全守则如下：

① 实验人员进入实验室，应穿着实验服、鞋、帽。
② 严格遵守劳动纪律，坚守岗位，精心操作。
③ 实验人员必须学习并掌握安全防护及事故处理知识。
④ 实验人员必须熟悉实验仪器设备的性能和使用方法，并按规定要求进行实验操作。
⑤ 凡是进行有危险性的实验，工作人员应先检查防护措施，确认防护妥当后，才可开始进行实验。在实验进行过程中，实验人员不得擅自离开，实验完成后应立即做好清理善后工作，以防残留物引发事故。
⑥ 凡是有毒或有刺激性气体发生的实验，应在通风柜内进行，并要求加强个人防护。实验中不得把头部伸进通风柜内。
⑦ 酸、碱类腐蚀性物质和毒害性物质及溶液，以及液体的易燃易爆物质，应放置在库房的低处或实验试剂架的底层，并避免受到碰撞或打击。开启腐蚀性和刺激性物品的瓶子时，应佩戴护目镜；开启有毒气体容器时，应佩戴防毒用具，并禁止用手直接拿取上述物品，应佩戴防护手套。
⑧ 不使用无标签（或标志）的容器盛放试剂、试样。
⑨ 实验中产生的废液、废渣和其他废物，应集中处理，不得任意排放。酸、碱或有毒物品溅落时，应及时清理及除毒。
⑩ 严格遵守安全用电规程。不使用绝缘损坏或绝缘不良的电气设备，不准擅自拆修电器。
⑪ 禁止在实验区域，尤其是在有可燃气体、易燃液体及其蒸汽等燃烧危险性环境中使用手机，更不允许在这些环境中对手机、充电宝或者其他"锂电池"供电电器进行充、放电操作。在实验室的非实验区域中使用手机或者充电，必须避免电池"过热"现象发生（一旦发现发热现象，应立即停止相关操作）。
⑫ 实验完毕，实验人员必须洗手并确保没有残留以后方可进食。不得把食物、食具带进实验室。实验室内禁止吸烟。
⑬ 实验室应配备足够的消防器材，实验人员必须熟悉其使用方法，并掌握有关的灭火知识和技能。
⑭ 实验结束，人员离开实验室前应检查水、电、燃气和门窗，以确保安全。
⑮ 禁止无关人员进入实验室。

三、实验室常用安全标识

1. 指示标识

实验室常用指示标识如图 5-1 所示。

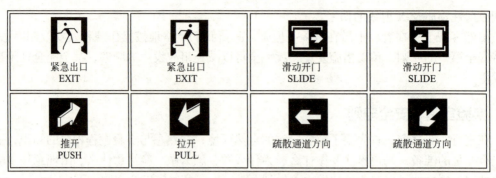

图 5-1　常用指示标识

2. 禁止标识

实验室常用禁止标识如图 5-2 所示。

图 5-2　禁止标识

3. 警示标识

实验室常用警示标识如图 5-3 所示。

图 5-3　警示标识

4. 安全标识

实验室常用安全标识如图 5-4 所示。

图 5-4　安全标识

四、实验室档案管理

实验室档案是实验人员、管理人员从事科学研究和实验管理所留下来的历史记录和经验总结，是进行实验室科学管理、决策的重要依据，也是科研质量评估的重要依据。

1. 实验室档案管理概述

（1）实验室档案管理的定义。实验室建立资料档案管理系统，把实验室的各项管理工作的进展情况及结果如实记录在册，为组织考核提供依据，同时也为实验室向量化管理发展创造条件。实验室资料档案管理系统包括实验仪器设备进账、说明书和技术资料，实验通知单、规章制度、各项管理工作记录、实验教学年报表和工作总结等资料。

（2）建立实验室档案的目的

① 实验室在运行过程中会产生大量的原始信息和资料，这些信息资料直接反映实验室能力水平，对于追溯实验过程中的客观性、真实性方面发挥着越来越重要的作用，没有这些信息资料实验室就失去了应有的意义。

② 实验室档案是实验工作的真实记录，具有原始性、凭证性，是原始的技术凭证和法律证据，是开展调查研究的重要依据。

③ 能客观地反映实验室的管理水平和教研质量；能增强领导决策的科学性；可以提高实验室整体质量水平；起到维护实验室声誉和法律地位的重大作用。

总之，实验室档案管理系统首先是日常工作的溯源凭证，其次是实验室资质认定时的鉴定材料，最后是实验教学和科学研究的信息资源。

（3）实验室档案管理存在的问题

① 档案管理混乱，没有保密意识。

② 无专柜、专人负责妥善保存检测记录和各种档案。

③ 资料残缺，不系统，甚至档案丢失。

④ 记录未完善就存档。

⑤ 只注重工作过程和检验结果，而忽略对资料的全面收集、整理、归档和利用分析，

多数实验人员不能及时完善记录，建档意识淡薄。

⑥实验室有工作及活动而无记录。

⑦有措施而无书面文字记载和资料存档。

⑧无制度、无职责，无专门或兼职的档案管理员。

⑨实验室的档案繁杂，原始资料量巨大，涉及内容广泛，不易明确归类。

⑩单位对实验室档案管理的重要性认识不足，只注重业务工作的建设，认为档案管理不是实验室的主流业务，从而忽略实验室档案工作的综合发展。

2. 实验室档案的内容

（1）实验室及设备管理工作法规、制度文件卷

①国家及国家部委有关实验室工作的法规文件。（高等学校实验室安全检查项目表见附录二）

②单位有关实验室发展建设与改革等文件。

③实验室建制审批（含实验室建立、合并、调整、撤销等）文件。

④实验室管理（包括本实验室制定）的各项规章制度。

⑤实验室建设发展规划。

⑥实验室年度工作总结及实验室内部工作人员考核表等。

（2）以本实验室名义向上级部门定期或不定期报出的实验室工作的各种报告、报表或数据卷

①实验室基本情况类

a. 实验室基本情况（各实验分室名称、地点、面积）。

b. 实验室任务及人员情况年度传送数据与报表。

c. 实验项目年度传送数据与报表。

d. 专职实验室工作人员年度传送数据与报表。

②设备管理类

a. 各实验室科研仪器设备年度传送数据与报表（单价500元以上设备）。

b. 各实验室科研仪器设备增减情况传送数据与报表。

c. 低值耐用品、低值易耗品的资料。

d. 仪器设备固定资产卡片；仪器设备及低值耐用品的总台件数及金额、固定资产账卡、随机技术手册；仪器设备的运行、维护保养、维修、报废等原始记录。

e. 大型精密贵重仪器设备技术档案。单价5万元以上大型精密仪器设备的档案管理，应包括每台仪器设备申购时的可行性论证报告、申购报告、领导批复；订货合同、开箱记录及装箱单、安装调试记录及双方签字移交文件、保修单、验收报告及其履历本、设备说明书、技术资料及全套随机文件；使用、维修、故障、事故记录和仪器设备的报损报废等资料（其中使用说明书和技术资料经档案室建档后可由实验室借用保管）。大型设备管理人员名单、技术档案和开机使用记录。大型精密仪器设备在有效期内，完成课题数，取得的成果、功能的开发等。

f. 各实验室科研精密贵重仪器设备（单台成套价为20万元及以上的设备）年度使用情况传送数据与报表。

③实验室任务类

a. 实验室任务指标及完成情况统计资料。

b. 本实验室承担的实验课程名称、科研计划、实验报告。
c. 科研任务形成的文件材料（项目数、类别、经费、实验技术开发项目、成果资料）。
d. 在社会服务中形成的文件材料。
e. 承担各种培训班、短训班的实验教学任务或测试、加工工作的内容、培训对象等材料。

④ 实验室管理类

a. 实验室建设类：经批准的本实验室建设规划；本实验室年度工作计划、总结；反映本实验室历史沿革、现实规模、用房面积、环境条件等有关管理性文件；实验室用房及环境条件的各种技术资料。

b. 实验室环境条件的增扩与实验室改革方案文件；实验室工作的评估；实验室管理方面的重要实施细则；实验室主任工作守则与工作人员岗位责任制等。

c. 实验室经费及使用情况。

⑤ 实验室队伍建设类

a. 实验室各类工作人员情况表（姓名、性别、年龄、职称、专业分工、奖惩、培训等基本情况及其变更情况）。

b. 实验技术人员考核情况。

c. 本实验室技术人员岗位职责及分工细则。

d. 实验技术人员工作日志、记录材料。

e. 验室人员在科学研究、技术开发等方面的全部技术文件资料（包括论文、专著、鉴定、专利、获奖等情况）、项目数量及工作量。

3. 实验室档案的管理和收集

（1）实验室档案的管理。档案是实验室活动的真实记录，是社会的宝贵财富，应由资料档案室集中统一保管。实验室档案要做到系统性、连续性、真实性、可靠性、法律权威性和可追溯性。

实验室必须建立和健全资料档案的形成、积累、整理、归档制度，并列入实验室工作程序，列入有关部门和有关人员的职责范围，做到实验室每项活动都有完整、准确、系统的资料档案归档。在管理上要遵循以下程序。

① 整理。凡归档的实验室教学、研究文件材料，都应做到书写材料优良、字迹工整、图样清晰，宜用蓝黑墨水、碳素墨水，以签字笔书写，禁用铅笔书写。对实验仪器形成的热敏类数据资料，应复印一份同时归档，以利长期保存。一个教学或研究项目，一项工程或其他技术工作，在完成或告一段落后都必须将所形成的教学、研究文件材料，按其自然形成规律，按归档具体要求加以系统整理分类，组成保管单位。立卷，填写保管期限，注明密级，由专题负责人审查签字后送资料档案室归档。

② 归档。资料档案要及时归档，一项教学或科研工作完成、科研成果鉴定、仪器设备正常运转、基建工程竣工验收后及时整理，随时归档。人员培训计划、工作总结、综合性记录（例如实验室开出记录等）以年度为单位，在年终汇总后归档。因故中断的教学、科研项目，专题负责人必须将该项目的技术文件材料及时整理归档。资料档案的管理确保归档的文件材料完整、准确、系统。文件书写和载体材料耐久保存，文件材料整理符合规范。归档的电子文件，应有相应的纸质文件材料一并归档保存。

③ 保密。根据有关规定，确定档案保管期限，划定档案密级。采取有效措施对档案进行安全保管，并切实加强对知识产权档案和涉及商业秘密档案的管理。

④ 鉴定。对保管期限已满的档案进行鉴定，确无保存价值的档案应登记造册，按有关规定经实验室法定代表人或实验室负责人批准后进行监督销毁。

⑤ 利用。资料档案室应积极主动地开展档案利用工作，制定档案借阅制度和复制制度，努力开发档案信息资料，为利用者提供及时、有效的服务。

（2）实验室工作档案的收集

① 实验室工作人员每天应记录实验室的仪器设备运行情况，年底将记录归档备查。

② 每个实验室应有设备仪器维修记录，实验室应有水电及动力维修记录，年底将各种维修记录存档。

③ 实验室工作人员应做工作日志，年底将工作日志归档。

④ 实验室安全员每月应进行一次安全检查记录存档。

⑤ 年末应对实验人数、实验项目和设备使用率做统计，将统计结果存档。

⑥ 实验室每年应对每位工作人员进行年度考核，工作人员考核表应归档备查。

任务二　实验室消防安全管理

近年来，实验室火灾和爆炸事故时有发生，而实验方法不合理、实验过程发生意外、电气设备故障、危险品储存不当和易燃易爆气体液体泄漏等是事故的主要原因。另外消防安全组织领导不健全、安全管理制度体系不完善、建筑防火标准低、消防设施缺失和事故应急处置能力弱等，在客观上造成了实验室事故多发。消防安全作为实验室安全管理工作的重要方面，应提升组织领导和应急管理水平，完善制度体系和教育培训机制，加强危险化学品的管制，确保消防设施的完好，才能有效提升实验室安全管理水平。

一、消防法律法规的相关规定

（1）《中华人民共和国消防法》第二条规定，消防工作实行防火安全责任制。相关法规规定法人单位的法定代表人或者非法人单位的主要负责人是单位的消防安全责任人，对本单位的消防安全工作全面负责。

（2）所有单位应根据实际需要指定本单位的消防安全管理人，组织实施相关消防安全管理工作。

（3）所有单位都要制定消防安全制度、消防安全操作规程，制定用火、用电等内容的消防安全管理制度，并切实执行。

（4）所有单位都必须加强员工的消防意识教育，从思想上树立"预防为主，防消结合"的消防意识。

（5）通过消防知识教育，使员工具备必要消防技能。

二、实验室火灾的发生、危害和预防

（一）燃烧、爆炸和火灾

1. 燃烧

燃烧是指可燃物（有机物等可以燃烧的物质）与助燃物（氧或氧化剂等能够帮助燃烧的

物质）相互接触，在环境达到一定的温度（着火温度）的时候，发生的释放热量并发出光亮的氧化反应，通常还可能伴有发烟现象。如果燃烧的发生不是按人的意愿进行，在时间或空间上失去控制的燃烧造成的灾害，叫作"火灾"。

任何物质发生燃烧，都必须具备三个条件，即可燃物、助燃物、和着火温度，并且三者要相互作用。它们又合称为"燃烧三要素"。

人们把能够使可燃烧物质温度达到着火温度的事物称为"着火源"，常见的有热能，还有电能、机械能、化学能等转变的热能，具体表现可以是明火、各种电火花、火星、静电，也可能是高温物体，化学反应热甚至生物热或者特定聚焦的光束。

物质发生燃烧的强度和持续时间还与"燃烧三要素"的匹配程度有关，数量充足的可燃烧物质、数量（或浓度）充足的助燃物质以及足够的点火能量，是燃烧持续进行的重要条件。

物质经过燃烧，其组成和结构都发生变化。

2. 爆炸

当氧化（或分解）反应在瞬间快速进行，同时放出大量的热和气体，体积急剧膨胀，产生强烈的震动（冲击），并发出巨大声响，就形成爆炸。由于存在化学反应，又称为化学爆炸，化学爆炸前后，物质发生质的变化。

有时候爆炸的发生是由于物质的存在状态发生变化，如体积膨胀、液体汽化等物理原因所造成的，这类爆炸称为"物理性爆炸"。物质在单纯的"物理性爆炸"中不发生本质性的变化。

可燃气体、易燃液体蒸汽及某些可燃烧物质的粉尘，如果与空气充分混合，在一定条件下被引燃就可以发生极为迅速的燃烧反应导致爆炸，会造成比较大的危害，必须引起重视。

根据爆炸冲击的传播速度，爆炸又可分为：轻爆，传播速度每秒零点几米至数米；爆炸，传播速度每秒十米至数百米；爆轰，传播速度每秒一千米至数千米。爆炸冲击传播速度的大小对爆炸周围环境事物的破坏程度有显著影响。

3. 燃烧和爆炸的关系

燃烧与爆炸之间有时关联，但有时也不关联。当燃烧与爆炸之间发生关联的时候，燃烧与爆炸可以同时发生；也可以是先发生燃烧，继而发生爆炸；有时则是先发生爆炸，而后再延续燃烧。单独发生燃烧而没有爆炸的情况也不少见，但单纯发生爆炸而不引起延续燃烧的现象则比较罕见。

4. 火灾的发生和发展

任何由一般原因引起起火所造成的火灾都有共同的发生发展规律，都是先发生局部小面积的燃烧，然后再逐渐扩大成为猛烈的大面积强烈的燃烧，进而形成蔓延之势。但不论是哪类物质，在刚起火后的最初几分钟里，燃烧面积一般都不大，烟气流动速度较缓慢，火焰辐射出的能量也不多，属于火灾初级阶段。如果在这个阶段能及时发现火灾，并正确扑救，就可能用较少的人力和简单的灭火器材将火控制住或扑灭。

因此，把握时机及时扑救起火初期的火灾（苗头）对控制和灭火，减少人员伤亡和财产损失都具有重要意义。

（二）实验室的火灾危险性

实验工作的自身性质决定了实验室必须使用多种化学物质，包括某些具有燃烧性、助燃性、自燃性、氧化性甚至是爆炸性的化学试剂和其他实验用辅助化学品，加上分析试验中需要使用电、燃气等多种能源，以及在各种各样的实验装置上进行加热、蒸馏、灼烧等强热高温操作。

因此，实验室随时可能有"燃烧三要素"同时存在的条件，具有发生燃烧，甚至爆炸危险的不安全因素。根据相关的"事故致因理论"，危险因素一旦失控（如超过预定的温度、压力或脱离原先的实验设施等）就有可能导致事故。因此，存在于实验室的"燃烧三要素"在失控的时候也可能形成火灾或发生爆炸事故。

电气设备的超负荷运行、漏电、短路，机械运动部件的长时间超温运行，可燃烧物质的泄漏，加热装置的失控，可燃性反应物质的过度加热、迸沸，禁忌化学品的接触、混合，或者其他错误的实验操作，以及外来火种的侵入（其他部门的燃烧、爆炸或火灾事故的干扰）等，都有可能成为导致实验室发生火灾的激发因素。

因此，实验室人员必须学习并掌握火灾的预防等基本的消防知识，学会火灾扑救的实际技能，发生火灾的时候可以及时有效应对，控制并减低灾害的破坏程度。

（三）实验室火灾的危害

1. 危险物品多

实验室使用和存放的化学试剂中，很多具有危险、危害性质，数量和品种也比较多，一旦发生火灾，容易受到牵连或相互影响，可能导致火灾迅速扩大，增加损失。

2. 贵重仪器和实验设施多

实验室的贵重仪器和实验设施通常都有比较高的价值，一旦受到火灾影响，容易失去原有功能，需要花费高昂的修理费用，有些甚至只能报废，导致高额的经济损失。

3. 电气设备多，容易因绝缘破坏引起短路

电气设备和电气线路在火灾中不但会被烧毁，电器绝缘的破坏还可能形成电器短路，产生大电流或者电弧引起局部高温而引发更大的危险。

4. 技术资料、文件多

实验室内存放大量企业质量检验资料，其中很多还是企业内部具有很高商业价值的技术机密，有些资料甚至还是"孤本"，一旦受到火灾的破坏，损失将非常惨重。

5. 相关实验室相互关联，火灾容易蔓延扩散

为了方便地开展工作，实验室的相关工作室之间通常是相互关联的，在发生火灾的时候很容易发生窜火，并迅速蔓延扩散，加大了扑救的难度。

（四）实验室火灾的预防

实验室发生火灾的可能性、实验室火灾所造成的损失及严重危害，使实验室火灾的预防成为生产经营企业安全工作的重要内容，可以说"实验室不允许发生火灾"。

作为企业安全工作的重要组成部分，实验室必须做好火灾的预防工作。

1. 实验室建筑物、构筑物必须符合防火要求

建筑物的耐火性对防止外部火灾对建筑内部的影响，或者避免建筑物内部的火灾向外部扩散蔓延具有重要意义。实验室建筑应根据实验室的规模、火灾危险性等因素确定其耐火等级，并依据 GB 50016—2014（2018 年版）《建筑设计防火规范》的要求进行设计及建造。

实验室室内布置也应该充分考虑安全防火的需要，避免影响火灾扑救和堵塞疏散通道。

实验室必须通风良好，避免实验中排放的气体（尤其是可燃烧气体或蒸汽）的积聚。

2. 工程管网安全防火

实验室工程管网布置首先必须服从安全要求，管道的材质、压力等级，制造工艺、焊接、安装质量必须符合国家有关规定，具有良好的密闭性能，在可能发生静电的管线上应该妥善接地或安装静电导除设施。

管线上应该按规定涂刷颜色标志（或文字），以示区分。

压力管线要有防止高低压窜气、窜液措施。

排放含有可燃烧气体（蒸汽）的管道，出口应设置"安全水封"或"阻火器"。

3. 实验用压力容器安全防火

实验用压力容器必须采购自国家认可的制造商，并附有检定证书。自行设计制造的压力实验装置必须严格执行国家相关安全规范，委托符合资质要求的专业设计机构设计，交由符合资质要求的专业制造商加工制作，并经过国家认可的质量检验部门检测、鉴定合格方可投入实验运行。

在用的实验用压力容器，必须做好日常维护保养，确保完好和安全使用，并定期检验、检测，确保其安全可靠。

4. 做好日常分析实验安全防火

避免"燃烧三要素"的同时存在和发生作用。

① 控制易燃易爆物品的使用和储存。尽可能不用或少用易燃易爆物品（尤其是"爆炸性物质"），控制其库存量，并避免在实验室内存放超过使用需要量的易燃易爆品。

储存易燃易爆物品的仓库，必须符合安全防火规范，严格控制易燃易爆物品储存量。

② 避免易燃物与助燃物的接触。经常检查易燃物品的储存器，确保易燃物品的密封保存，避免泄漏和扩散，注意防止爆炸性混合物的形成和积聚。一些具有强挥发性的易燃物品（易燃液体、具有升华性的易燃固体等），必要时可以在其包装容器中充氮。

凡是相混可能产生燃烧、爆炸危险的物质（表 5-1），不得混合储存。

表 5-1 常见氧化性强的物质与其他物质相混危险情况

物质	相混物质	条件	现象
氧气	黏性油或有机物	空气、30℃	自燃爆炸
氧气	混有铁锈的活性炭	空气中加热	自燃爆炸
过氧化氢	金属粉、油、树脂、棉、毛、木屑	常温	自燃爆炸
过氧化钠	水、铝	常温	燃烧
过氧化钡	有机物	加水、摩擦	燃烧
过氧化苯甲酰	稀土类金属、环烷酸钴	冲击	燃烧
过氧化甲乙酮	稀土类金属、环烷酸钴	冲击	燃烧
过氧化乙烯	稀土类金属、环烷酸钴	升温	爆炸
乙基过氧化物	稀土类金属、环烷酸钴	升温	爆炸
乙醛过氧化物	稀土类金属、环烷酸钴	升温	爆炸
氯酸盐	铵盐、硫酸、氰化物	冲击	燃烧
	二硫化碳、油脂	升温	爆炸
漂粉精	木屑、炭粉	遇热	爆炸
硝酸钾	有机物	加热	爆炸

续表

物质	相混物质	条件	现象
硝酸钠	锡、锌粉等	加热、较长时间反应	爆炸
硝酸铵	锌	常温、水分	燃烧爆炸
硝酸	乙醇、甲醇等	加热	燃烧
硝酸铅	亚磷酸铅	摩擦加热	爆炸
硝酸甲酯	赤磷	常温	爆炸
硝酸乙酯	赤磷	常温	爆炸
硝基氯化铵	赤磷	冲击	爆炸
高锰酸钾（钠）	吡啶	冲击加热	爆炸
	乙醚、酒精、松节油	冲击加热	燃烧
	硫酸	常温	爆炸
	硫黄	177℃	爆炸
	甘油、铁粉	冲击	燃烧
	硝酸铵	冲击	爆炸
无水铬酸	苯胺、吡啶、喹啉、乙醚、乙醇、润滑油	常温	爆炸
重铬酸钾	氰化汞	摩擦	燃烧
重铬酸铅	碳化物	摩擦	燃烧
氧化铅	乙醚、乙醇等	接触、融合	燃烧
铬酐	苯胺、乙醇、润滑油等有机物	常温	爆炸

③ 控制和消除点火源。

a. 在易燃易爆环境中使用防爆电器，避免产生电火花并禁用明火。

b. 防止易燃易爆物品与高温物体表面接触。

c. 避免摩擦、撞击产生火花及热的作用。

d. 避免光和热的聚焦作用。

e. 采取措施做好静电释放，防止静电积聚。

f. 做好通风、降温工作，避免易燃易爆物品储存和使用环境达到着火温度。

④ 注意做好日常实验工作的防火防爆。

a. 实验室人员应了解实验的燃烧、爆炸危险性和防止方法。

b. 实验室内不得乱丢火柴及其他火种，禁止吸烟。酒精灯必须在火种熄灭后才能添加酒精。

c. 使用易燃液体时，必须远离火源并远离火种。

d. 乙醚应避免过多接触空气，防止过氧化物生成。

e. 禁止把氧化剂与可燃物品一起研磨，不得在纸上称量过氧化物和强氧化剂。

f. 使用爆炸性物品，例如苦味酸（三硝基苯酚）、高氯酸及其盐、过氧化氢等物品，避免撞击、强烈震荡和摩擦。

当实验中有高氯酸蒸气产生时，应避免同时有可燃气体或易燃液体蒸气存在。

g. 可能发生爆炸的实验，必须在特殊设置的防爆炸的地方，如具有爆炸防护的装置内进行，并注意避免发生爆炸时爆炸物飞出伤人或飞到储存有危险物品的地方。

h. 散落的易燃易爆物品必须及时清理，含有燃烧、爆炸性物品的废液、废渣应妥善处理，不得随意丢弃。

内部含有可燃物质的仪器，实验完成后，应注意彻底排除。

i. 不要使用不知成分的物质。

⑤ 做好气体钢瓶的安全管理。

a. 使用气体钢瓶必须遵照国家《气瓶安全监察规定》及其他有关规定进行管理。

b. 气瓶必须标志清楚，专瓶专用（含压力表等附件），不得擅自改装其他气种。阀门等附件必须安全完好，并定期检验。

c. 气体钢瓶严禁抛、滚、撞击及摩擦，避免阳光暴晒和受热；冬季出气缓慢可以使用较低温度的暖水（如35℃或以下温度）浸泡温暖瓶身，但不得浸到钢瓶阀门，以策安全。

d. 气体钢瓶及管道附近不得存放易燃易爆物品，并避免与腐蚀性物品接触，以免受到腐蚀。

e. 氧气和乙炔气瓶，严禁沾染油脂类物质。

f. 气体钢瓶内气体不准用尽，应保留不小于50kPa的余压。

g. 经过检验不合格的钢瓶，必须及时报废，不得再用。

实验室常用气体钢瓶及其包装标志见表5-2。

表5-2 实验室常用气体钢瓶及其包装标志

充装气体	化学式（或符号）	体色	字样	字色
氧	O_2	淡（酞）蓝	氧	黑
氢	H_2	淡绿	氢	大红
氮	N_2	黑	氮	白
氯	Cl_2	深绿	液氯	白
空气	Air	黑	空气	白
二氧化碳	CO_2	铝白	液化二氧化碳	黑
乙炔	C_2H_2	白	乙炔 不可近火	大红

⑥ 做好燃气的安全使用。

a. 使用燃气器具的实验室必须通风良好，在使用过程中必须保持室内空气清新，避免发生燃气中毒，或者燃气积聚引发危险。

b. 燃气器具必须完好、合格，安全可靠，无泄漏；不得随意拆卸或省却燃气器具的配套器件；所有燃气器具必须与使用的燃气匹配，不得混用。

c. 使用燃气器具，必须认真检查，确保燃气器具安全、完好，操作控制灵敏可靠，燃气输送系统压力稳定、密封良好、无泄漏，方可进行操作，在使用过程中必须有人看管。正常使用的燃气器具应经常进行必要的维护，使燃气设备始终处于完好状态。

使用燃气能源时，在同房间内，不准同时使用开放式电热设备及明火。即使是密闭的电热设备，如果有引起危险的可能时也应避免使用。

d. 点燃燃气器具时，必须按"先通风，后点火，再开燃气（即'火等气'），最后调节火焰"的顺序。切忌先开气后点火，熄火时先关燃气后停风。凡是带有自动点火装置的燃气器具，必须严格按照其规定操作程序操作。如发生点火失败，应该稍候数秒钟，待未燃烧的燃气自然扩散后才能再次点火，以避免发生"爆燃"引起事故。

e. 燃气发生泄漏，或中断供应，应立即关闭阀门，熄火。待室内残余燃气和故障排除，达到安全要求及供气正常后才能再次启用。

f. 室内燃气尚未自然扩散彻底排除以前，禁止点火及开关电器（包括不得企图打开电气通风器具以强制排除燃气等操作)。

如燃气泄漏扩散至室外,则应该立即通知相关部门并在其扩散范围内禁止一切点火及开关电器动作,直至泄漏的燃气彻底排除为止(或经检验确认没有危险性为止)。

如需要用电话报警,应远离燃气泄漏危险区。

g. 燃气器具、管道附近不得存放易燃易爆物品及腐蚀性物品。

⑦使用"瓶装液化石油气"必须遵守"瓶装液化石油气"的相关安全要求。

a. 实验室使用的液化石油气钢瓶必须符合 GB 5842—2006《液化石油气钢瓶》标准要求,并按照标准的要求进行管理。

b. 液化石油气储气钢瓶与燃气器具应有 1m 以上距离,输送胶管长度以 1.2～1.5m 为宜,不宜超过 2m;使用"瓶装液化石油气"的房间,面积不小于 $2m^2$,高度不应低于 2.2m。如果所使用的液化石油气是用刚性的压力管道输送至工作室的,则应该在刚性管道的终端安装控制阀和减压阀,再按常规连接输送胶管。

c. 不得私自拆修、调整减压阀,每次换气后,要检查减压阀的胶圈有无脱落。

d. 冬天低温天气,有需要时可使用较低温度的暖水(如 35℃以下温度)浸泡以温暖瓶身,但不得浸到钢瓶阀门。

e. 禁止将液化石油气实瓶向空瓶灌气(即过气)。

f. 储气瓶在使用时必须直立,不得卧放,更不得倒置,以免气瓶卧放时液体进入减压阀,使减压阀失去效能,引发火灾危险。

g. 液化石油气钢瓶在使用中必须定期检测,检测不合格或显著腐蚀应及时淘汰;燃气胶管应 2～3 年更换一次,以防胶管老化断裂而造成燃气外泄引发火灾爆炸。使用中发现胶管有"受伤"时也应该及时更换。

⑧做好电气防火工作。

a. 实验室电气系统必须符合安全防火规范要求,具备有效的接地系统。

b. 电气线路和装置必须留有安全余量,严禁超负荷运行。

c. 保证电气装置的安装和检修质量,确保处于优良状态。

d. 电气装置及线路附近禁止存放易燃易爆物品及腐蚀品,或其他可燃物品,并避免潮湿环境。

e. 有可能产生静电的管道、容器及设备,应可靠接地。在有燃烧、爆炸危险的场所,入口处应安装接地门把和踏板,以释放静电。

f. 发现电器或线路有绝缘老化现象时必须及时维修、更换或淘汰,不允许"带病"运行。

5. 编制灭火对策表,指导灭火工作

根据实验室的物资情况,编制灭火对策表,并在特定位置以"看板"的形式公布于众,提醒全体员工注意防范及指导消防技术。

6. 根据实验室的火灾危险因素,按照防火规范要求配备必要的消防设施

①根据消防规范配置各种消防设施(包括防烟面罩等),定点放置,方便使用。

②配备消防设施必须与可能发生的火灾类型和抢救物资相适应,数量上应能满足前期初起火灾扑救(控制火头)的需要。

③消防器材应存放于实验室内(外)方便取用、清洁、阴凉的位置。特别容易发生火警苗头的实验场所,可以在实验地点的适当位置布置适量的小型灭火器具,但必须注意避免妨碍实验操作及人员的疏散逃生,并避免被实验试剂、试样及实验排放物腐蚀或损害。

④ 消防器材必须从具有国家认可资质的生产厂或供应商处采购，并应附带有合格证书，不得向无证的厂商购买。

⑤ 有指定的专人负责对所有消防器材、灭火器具做好日常清洁和维护保养，并定期检查，及时更换或补充灭火药剂。

⑥ 发现消防器材、灭火器具出现异常状况，应及时向企业安全、消防管理部门或主管人员报告，及时予以纠正或消除异状，确保随时处于完好、备用状态。

⑦ 实验室人员应熟悉常用消防器材的使用方法，并适时演练。

7. 经常进行安全防火检查

① 坚持每天工作前后都进行一次安全检查，发现问题要及时处理，没有解决前不得进行实验。

② 电气设备、燃气等发生热量的器具必须保持完好，在使用前后都要进行检查，避免在使用过程发生事故或遗留隐患。

③ 根据企业安全工作安排，对实验室进行全面的安全防火检查，并对在检查中发现的隐患进行认真的整改，以保证实验室安全和实验工作的安全开展，为实现企业发展目标服务。

（五）火灾对人员的伤害和预防

火灾对人员的伤害主要是烧伤和中毒。因中毒属于"化学性伤害"，放在后面讨论。

1. 热力烧伤的概念

由于热的作用使机体组织发生病变的伤害称为"热力烧伤"。当人员在实验工作中受到一定强度的热力作用时，受到作用的局部组织就会发生病变，即受到烧伤。

火灾、可燃物质的起火、工作人员错误接触高温度或高热量物体，是引起热力烧伤的常见原因。

2. 热力烧伤的特点

① 烧伤的机体组织是渐变的，即表面组织最为严重，逐渐深入则逐渐减轻。但是，受到烧伤的机体组织可能有相当的厚度。也就是说，表面烧伤严重的，其内部也肯定受到一定程度的烧伤损害。

② 热力烧伤的面积，与受到热力作用的机体表面面积有关，一般情况下，受到热力作用的机体表面积越大则烧伤的面积可能越大。

③ 热力烧伤的伤害程度与受到热力作用的时间和热力的强度有密切关系，通常受热力作用的时间越长，受到伤害越大，烧伤越严重；热力的强度越大（温度越高），烧伤程度也越严重。

④ 热力烧伤的伤员在发生烧伤的时候，伤口经常会被环境或热源的物质所污染，不容易清理。

⑤ 热力烧伤的受伤部位，往往会自行产生有害于身体的毒素，可能对伤员造成严重影响。

⑥ 由于热力的作用，伤员往往会发生严重的失水现象，容易产生生命"危象"。加上深层组织受损，强烈的痛感往往造成伤员虚脱、休克，经常会因此形成危重病例，甚至心跳、呼吸停止，抢救时必须充分注意。

3. 烧伤的分度

① 一度烧伤。只损伤表皮，皮肤发红、灼痛，无水泡。

②二度烧伤。又有轻二度和重二度之分：轻二度伤及真皮浅层，起水泡，水肿，疼痛；重二度伤及真皮深层，皮肤苍白带灰色，真皮坏死，兼有红斑。

③三度烧伤。皮肤全层或其深部组织一并烧伤，凝固性坏死，颜色灰白，硬韧，失去弹性，痛觉消失，表面干燥；严重时有焦痂（火焰烧伤的创伤面上通常都有焦痂）。

4. 烧伤面积的影响

烧伤的面积对伤员的影响很大，是判断伤势的重要指标。

① 小面积烧伤。一般成年人烧伤面积在 15% 以下的二度烧伤列为小面积烧伤，通常不需要住院治疗。

② 大面积烧伤。超过 15% 的二度烧伤视为大面积烧伤，需要住院治疗。

③ 严重烧伤。二度烧伤面积超过 30%，或三度烧伤超过 15%，视为严重烧伤。

5. 热力烧伤的防护

① 做好实验室防火防爆工作，避免发生燃烧、爆炸事故。

② 使用加热设备进行加热实验的时候，要做好防范工作，避免机体与热源直接接触。不要用裸露的肢体接触未知温度的加热器器壁。

③ 需要取下沸腾的溶液时，必须先停止加热片刻，或先用烧杯夹夹住烧杯稍加摇动后再取下使用，避免液体由于接触过热的容器上壁而突然迸沸溅出伤人。

三、灭火的基本原理和常用方法

（一）灭火的基本原理

1. 燃烧与灭火的关系

燃烧是物质之间满足燃烧条件导致急剧的氧化还原反应的发生及其延续，而"灭火"则是使这种反应停止，不使延续继续进行。

2. 灭火的实质

灭火的核心是采取一切可以采取的措施（手段），以破坏已形成的"燃烧三要素"的组合，从而使燃烧停止，其实质是使"燃烧三要素"不能同时存在，没有了着火的机会，燃烧也就停止。

（二）常用的灭火方法

1. 隔离法

撤除、隔离可燃物，利用外力使可燃物与燃烧物分隔开。"着火区"没有了可燃物的补充，燃烧反应将自动停止。

隔离法的"外力"通常用"机械"或者冲击力（包括使用高压水流的强力喷射产生的"切割"力）的方法实现。

2. 冷却法

把能够大量吸收热量的灭火剂喷射到燃烧物上，使燃烧物的温度下降，当燃烧区的温度低于可燃物体的燃点时，燃烧即停止。

冷却法常用水、水蒸气、二氧化碳。

3. 窒息法

用不燃（或难燃）物品覆盖在燃烧物上，或以窒息性气体稀释燃烧区的空气，使燃烧得不到足够的助燃空气（氧）而熄灭。

窒息法常用泡沫、二氧化碳、水蒸气、干粉、EBM 气溶胶、七氟丙烷（FM-200）（如图 5-5 所示）等；还可以用干的沙土、湿毛毯、湿棉被或其他可以把着火物的表面加以覆盖的物体。

4. 燃烧反应中断法

图 5-5　装载七氟丙烷的自动灭火器

使用特殊的灭火剂，喷射到燃烧区中，与燃烧反应所产生的活性基团（"自由基"）结合，使燃烧反应的"链"中断，从而达到灭火的目的。

燃烧反应中断法常用干粉、水蒸气、EBM 气溶胶、七氟丙烷（FM-200）。

在上述方法当中，冷却法是最常用的灭火方法。

（三）常用灭火剂

1. 水

水是一种无毒、无色、无味、无残留的液体，取用方便，价格低廉。

水具有很高的吸热能力，尤其是在受热汽化的时候，在火灾扑救中是一种高效的冷却剂。水受热汽化产生的水蒸气，可以稀释火场的空气，具有"窒息灭火"作用。水蒸气对火灾中的"自由基"也有很好的吸收功能。此外，很多可燃物质燃烧产生的有毒气体能够被水蒸气或水溶解吸收。可以说水是一种多功能的优良灭火剂，在火灾扑救工作中，水是最常用的重要灭火剂。

但是水也有灭火禁忌，比如某些物质可以与水发生反应产生热量甚至发生可燃气体，某些活泼金属在高温下可以与水作用加剧燃烧，一些密度小于水的可燃液体，可以漂浮在水面上继续燃烧和扩散。高压直流水可使粉状或絮状可燃烧物质强烈扰动并飞扬，增加与空气的接触和混合，加速燃烧扩大火灾。对火场中的高温设备用水灭火时，要防止水喷到高温物体发生水蒸气爆炸。

水的导电性能也限制了它在电器火灾中的应用。受潮可能变形的物质如文件、资料、纸制品等，非不得已不要使用水作灭火剂。

因此，在用水扑救火灾（特别是在化学品火灾）的时候，要注意适当地运用，扬长避短，充分发挥其优势。

2. 干粉

干粉灭火剂是一类以具有灭火性能的，干燥易于流动的粉末（以碳酸氢钠制作者称为 BC 干粉，若以磷酸铵盐制作则称 ABC 干粉）为灭火基料，加上防潮剂、流动促进剂、结块防止剂等辅料的灭火剂，通常以二氧化碳或氮气为驱动气体，制作成储气瓶式和储压式灭火器。

在灭火的时候，干粉通常覆盖、黏附在燃烧物的表面，隔绝或降低燃烧物与氧气的接触，起"窒息灭火"的作用，有些干粉还可以大量吸收燃烧空间的热量，使自身发泡或者分解产生二氧化碳等具有灭火性能的物质，提高灭火效果。

干粉灭火剂适用于石油及其产品、油漆等易燃可燃液体、可燃气体和电气设备的初起火灾扑救。某些干粉还具有吸收"自由基"的特殊功能。

干粉的最大缺点是灭火后有残留,火灾后必须清理,黏附甚至熔融在燃烧物体表面上的干粉,清理工作比较麻烦。

3. 二氧化碳

二氧化碳是一种不燃烧的窒息性气体,密度大于空气。在火灾现场使用二氧化碳可以降低燃烧空间的氧气含量,从而抑制燃烧蔓延。当二氧化碳从装载容器中喷射时,由于压力的迅速下降,可以导致自身温度下降,甚至部分形成固态二氧化碳(干冰),所以当二氧化碳被喷射至火场时,也可以使燃烧区的温度有所降低,有利于火灾扑救。

二氧化碳在火灾扑救中没有任何残留,是一种高性能的无污染灭火剂,在贵重物品和文件档案火灾扑救中广泛应用。

火灾现场有粉状或絮状可燃烧物质,以及能够与二氧化碳在常温或高温下发生反应的轻金属,不能使用二氧化碳扑救。

二氧化碳在相对密闭的场所灭火效果显著。

4. 泡沫

"泡沫"是一类具有丰富的泡沫的"水基"灭火剂的统称,在扑救火灾时主要通过泡沫的覆盖性能隔绝燃烧物与空气的接触,达到窒息灭火的目的,其中同时携带的少量水还可以对燃烧物起降温作用,"化学泡沫"还同时含有二氧化碳,灭火效果更好。由于使用水为基质,成本也比较低廉。

泡沫灭火剂的特点是密度小于水,常用于密度小于水且不溶解于水的易燃液体火灾的扑救和一般火灾的扑救。

不同组成的泡沫灭火剂还具有各自的特点,分别对不同的特定物质的火灾扑救产生良好的灭火效果。由于"泡沫"含水,故同时具有水的"灭火禁忌"。

此外,泡沫灭火剂在灭火后有残留物,也局限了使用范围。

对于危险化学品、电气等特殊火灾,灭火时须根据燃烧物的性质选用适当的灭火剂,以避免灭火禁忌,例如,爆炸性物品的火灾不宜使用覆盖物的窒息法灭火。此外,在灭火时常会根据情况需要同时使用多种灭火方法。

常见火灾类型及灭火方法见表5-3。

表5-3 火灾类型与灭火方法

火灾等级	燃烧物及燃烧情况	应采用的灭火办法	禁用办法
A级	木材、纸、布	水、干冰、二氧化碳、泡沫、干粉	
B级	易燃液体或气体、松胶、塑料	干冰、二氧化碳、泡沫、七氟丙烷、气溶胶	
C级	以上物质有电源接触时	干冰、二氧化碳、干粉、七氟丙烷、气溶胶	水、泡沫
D级	碱金属	干的盐(钠或钾)、干的石墨(锂)	水、泡沫、二氧化碳

注:因"1211""哈龙"及四氯化碳等已属于禁用之列,不再讨论。

带电物体的火灾,应选用二氧化碳、干粉型灭火器(详见"电气火灾的扑救")。

四、实验室火灾的扑救和疏散

1. 火灾征兆

(1)闻到烧焦的味道。即使是很小的火,燃烧物发出的味道也能传到较远的地方,尤其是现在常见的塑料、橡胶、海绵等化工制品。

群死群伤的特大火灾案例，事前都有人闻到烧焦的味道，但往往没有人觉察到火灾的发生。

（2）有人喊"起火啦！"。"起火啦！"往往是人们发现火苗发生的第一个反应，也是最先发出的呼叫，相当于发出了警报，任何人闻之均不能轻视。因为及时扑救初起火灾，是防止火灾蔓延扩大的最基本措施。

（3）见到烟。火灾发生时，烟气会向远处蔓延。烟是最明显的火灾征兆，看见烟，同时又意味着情况可能已经非常危险。

必须注意，火灾的征兆并不需要同时出现，只要有一个发生都应该引起重视，及时进行检查，避免延误扑救，导致火灾蔓延扩大。

另外，发生易燃液体的泄漏（具体表现是有易燃液体挥发的气味扩散和传播），往往容易引发火灾，必须十分警惕。

2. 扑救火灾的一般原则

（1）三十六字口诀。报警早，损失少；边报警，边扑救；先控制，后扑灭；先救人，后救物；防中毒，防窒息；听指挥，莫惊慌。

（2）火灾现场扑救的注意事项。火灾是危害性很大的灾害，扑救不及时可能造成严重的人身和财产损失，必须高度重视。但是，只要在火灾扑救的时候做好以下工作，就有机会把火灾造成的损失尽可能降到最低。沉着冷静，及时准确地报警；不失时机地扑救初起的"火头"；及时控制火势；积极抢救被困人员和重要物资；做好救火人员的自我保护；在救灾现场绝对服从指挥。这些对尽早扑灭火灾具有积极意义。

在火灾扑救过程中，遇到猛烈燃烧的大火突然减弱的时候，切忌贸然前进，以免由于气流扰动引起的火场爆炸造成新的人员伤害发生。

3. 电气火灾的扑救

（1）电气火灾的特点

① 起火快。电气点火温度高，容易点火。

② 蔓延快。容易沿电线传播蔓延。

③ 难扑救。起火的电气装置继续发生热量，形成二次点火并维持火灾的延续。

④ 容易发生触电事故。火灾现场往往带电。

（2）电气火灾的扑救

① 断电扑救。切断火灾现场的电源再进行扑救，这是最安全的扑救方法。如果在晚间，必须注意切断电源的位置，避免影响扑救工作的照明，同时要注意避免电线短路引起新的"火头"。

切断电源后可以按一般火灾扑救。

② 带电扑救。紧急情况下如果一时无法切断电源，可以用不导电的灭火剂如二氧化碳或干粉等灭火剂扑救，但必须注意保持安全距离，严禁冒险操作，以防扑救人员触电。

所有火灾的扑救都要注意防止建筑倒塌、高空坠落伤人或者其他伤亡事故的发生。

各种常用的灭火剂及小型灭火器的使用及适用范围见附录一表3和表4。

4. 实验室火灾现场疏散

（1）现场疏散的基本原则

① 受伤人员及时疏散撤离，并予以救护。

②迅速疏散易燃易爆物质及毒性物质。

③迅速疏散各种贵重的仪器设备和资料档案。

④清疏救援通道，保证消防工作顺利进行。

⑤在无法同时进行疏散的时候，应该按先人后物，先重要后次要，先危急后一般，先危险物资后一般物资的顺序进行抢救。

由于火焰的温度通常都可以达到1500℃以上，所有可以燃烧的物质甚至铝材均可以着火，所以，在可能情况下应该尽可能把它们也加以疏散转移。其本身也是基本灭火方法的一种——隔离法。

（2）火场人员的自救逃生。突遇火灾要保持镇静，迅速判断危险地点和安全地点，尽快撤离险地，不要盲目地相互拥挤、乱冲乱窜。撤离时要注意朝明亮处或外面开阔地方跑，要尽量往楼层下面跑，若通道已被烟火封阻，则应背向烟火方向离开，通过阳台、气窗、天台等往室外逃生。

规范的建筑物，都会有两条或以上逃生楼梯、通道或安全出口。发生火灾时，要尽快选择进入相对较为安全的楼梯通道。此外，还可以利用建筑物的阳台、窗台、屋顶等攀到周围的安全地点，沿着落水管、避雷线等建筑结构中凸出物滑下也可脱险。

电梯在火灾时随时会断电或因受热变形而使人被困在电梯内，同时由于电梯井犹如贯通的烟囱般直通各楼层，有毒的烟雾直接威胁被困人员的生命。因此，千万不要乘普通的电梯逃生。

无法逃生且在被烟气窒息失去自救能力时，应努力滚到墙边或门边，便于消防人员寻找、营救；此外，滚到墙边也可防止房屋结构塌落砸伤自己。

常用的逃生方法如下。

①毛巾捂鼻爬行法。逃生时经过充满烟雾的路线，要防止烟雾中毒、预防窒息。为了防止火场浓烟呛人，可采用毛巾、口罩蒙鼻（最好弄湿），匍匐撤离的办法。贴近地面撤离是避免烟气吸入的最佳方法。

②毛毯、棉被隔火护身法。穿过烟火封锁区，应佩戴防毒面具、头盔、阻燃隔热服等护具，如果没有这些护具，那么可向头部、身上浇冷水或用湿毛巾、湿棉被、湿毯子等将头、身裹好，再冲出去。

③竹竿、绳索、管线下滑法。高层、多层建筑内一般都设有高空缓降器或救生绳，人员可以通过这些设施安全地离开危险的楼层。如果没有这些专门设施，而安全通道又已被堵，救援人员不能及时赶到的情况下，可以利用身边的绳索或床单、窗帘、衣服等自制简易救生绳，并用水打湿，从窗台或阳台沿绳缓滑到下面楼层或地面逃生。

④卫生间避难法。假如用手摸房门已感到烫手，通常是火焰与浓烟封门，逃生通道被切断。若短时间内无人救援的时候，可退守到卫生间，用湿毛巾塞住门缝或用水浸湿棉被蒙上门窗，然后不停用水淋透房间，防止烟火渗入，固守在卫生间房内，直到救援人员到达。

⑤火场求救法。被烟火围困暂时无法逃离的人员，应尽量留在阳台、窗口等易于被人发现和能避免烟火近身的地方。在白天，可以向窗外晃动鲜艳衣物，或外抛轻型晃眼的东西；在晚上即可以用手电筒不停地在窗口闪动或者敲击东西，及时发出有效的求救信号（如用手电筒打出"SOS"等），引起救援者的注意。

⑥跳楼求生法。跳楼是在消防人员无法进行营救，或者无法等待营救（不跳楼即会被烧死）等极端状况下的求生方法。"跳楼"虽可求生，但会对身体造成一定的伤害，非不得已情况下不要采用。因此，即使已经没有任何退路，只要生命还未受到严重威胁，也要冷静

地等待消防人员的救援。

的确需要跳楼求生的时候，也应该在消防队员准备好救生气垫并指挥跳楼时或楼层不高（一般 4 层以下），才能够跳楼。

跳楼时应尽量往救生气垫中部跳或选择有水池、软雨篷、草地等方向跳；如有可能，要尽量抱些棉被、沙发垫等松软物品或打开大雨伞跳下，以减缓冲击力。如果徒手跳楼一定要扒窗台或阳台使身体自然下垂跳下，以尽量降低垂直距离，落地前要双手抱紧头部、身体弯曲卷成一团，以减少伤害。

消防口诀

安全通道要畅通，不要堵塞或占据。
疏散标识要醒目，不要遮挡或遗弃。
消防栓箱要完好，不要损毁或丢失。
防火门窗要紧闭，不要随意地开启。
用火用电要小心，不要麻痹或大意。
发现隐患要上报，不要忽视或包庇。
火灾报警要及时，不要拖延或犹豫。
逃生方法要正确，不要盲目进烟区。

任务三　实验室其他安全事故的发生和预防

一、用电安全和触电预防

电能是现代能源，具有使用方便、易于控制的特点，而且在使用过程中，不会给环境带来不良影响，故在实验室里广泛应用。

但是，电气事故却又往往毫无先兆，必须认真注意。

1. 电的基本性质

电是一种物理现象，来无影去无踪。电力泄漏不容易察觉。
① 有很强大的穿透能力，电压越高，穿透能力越强。
② 有很强大的输送能力，可以在瞬间输送大量的能量。
③ 有很强大的感应能力，可以使导电体产生感应电流。
④ 电能的释放既可以获得效益，也可以造成破坏，视其释放对象和释放过程的控制程度而异。

2. 电对人体的危害

（1）电伤。通常指对于人体的伤害，包括电外伤（灼伤）、电内伤（电击）及其他，如电光对视力的伤害及触电导致的跌伤等伤害。

电灼伤如累及重要器官或关节可致严重后果，电击可致死。

（2）电击对人体的影响。一般情况下，通过人体的电流越大、人体的生理反应越明显、越强烈，生命的危险性也就越大。通过人体的电流大小则主要取决于以下因素。

① 施加于人体的电压。电压越高，通过人体的电流越大。
② 人体电阻的大小。人体电阻与皮肤干燥、完整程度以及接触电极的面积等因素有关。

一般情况下，人体电阻大致为 1000～2000Ω，而潮湿条件下的人体电阻约为干燥条件下的一半。人体电阻越小危险性越大，而且人体电阻呈非线性，随着接触电压增高而降低。

③ 电击的路径。通过（或接近）心脏或脊柱的电击危害性最大

④ 电流的性质。交流电比直流电危险。电流作用与人体伤害的关系见表 5-4。

表 5-4 电流作用与人体伤害的关系

电流 /mA	触电现象	
	工频电（50～60Hz）	直流电
0.6～1.5	开始感觉，手指微颤抖	无感觉
5～10	感觉强烈，产生痉挛，动作困难，但尚能摆脱	发痒发热
10～25	双手麻痹，呼吸困难，无法摆脱电源	手肌肉稍有紧张
50～80	呼吸麻痹，心脏开始震颤	肌肉紧缩，呼吸困难
90～100	呼吸麻痹，延续 3s 心脏震颤	呼吸麻痹

⑤ 性别。在相同情况下女性的感觉和受伤程度都比男性大。

3. 触电的形式

（1）单相触电。人体触及带电体的一线，引起触电，电网中性点不接地时受到的电压较小，中性点接地时受到的电压较大。

（2）两相触电。人体触及带电体的两条相线，受到相电压的作用。

（3）跨步电压触电。人进入落地的带电体的电场影响范围，由于电场电位差而受到电击。

工业企业常用三相 380V 工频（50Hz 或 60Hz）电，人体单相触电只承受 220V 以下电压，两相触电则要承受 380V 电压的作用。

4. 实验室用电安全要求

为了确保在实验室的工作中不致受电力的危害，工作人员必须遵照如下安全用电基本守则。

① 严格遵守电气设备使用规程，不得超负荷用电。

② 使用电气设备时，必须检查无误后才可开始操作。

③ 开关电气开关，要使用绝缘手柄，动作要迅速、果断和彻底，以避免形成电弧或火花，进而造成电灼伤。

④ 发生电器开关跳闸、漏电保护开关开路、保险丝熔断等现象，应先检查线路系统，消除故障，并确证电器正常无损后，才能按规定恢复线路，更换保险丝，重新投入运行，严禁任意加大保险丝。

⑤ 电器或线路过热，应停止运行，断电后检查处理。

⑥ 线路及电器接线必须保持干燥和绝缘，不得有裸露线路，以防漏电及伤人。

⑦ 实验过程中发生停电，应关闭一切电器，只开一盏检查灯。恢复供电后，再按规定进行必要的检查后重新送电进行实验工作。

⑧ 需要使用高压电源时（如电气击穿试验等），要按规定穿戴绝缘手套、绝缘靴，并站在橡胶绝缘垫上，用专用工具操作。

⑨ 所有电气设备和辅助设施，不得私自拆动、改装、改接、修理。

⑩ 室内有可燃气体或蒸汽时，禁止开、关电器，以免发生电火花而引起爆炸、燃烧事故。

⑪ 定期检查漏电保护开关，确保其灵活可靠。
⑫ 电气开关箱内，不准放置杂物，并定期进行清洁。禁止用金属柄刷子或湿布清洁电气开关。
⑬ 发现有人员触电，应立即切断相关电源，并迅速抢救。
⑭ 每天的实验工作结束后，应切断电源总开关。

二、用水安全和危害预防

（1）了解实验楼自来水各级阀门的位置。
（2）水龙头或水管漏水、下水道堵塞时，应及时联系修理、疏通。
（3）应保持水槽和排水渠道畅通。
（4）杜绝自来水龙头打开而无人监管的现象。
（5）输水管应使用橡胶管，不得使用乳胶管；水管与水龙头以及仪器的连接处应使用管箍夹紧。
（6）定期检查冷却水装置的连接胶管接口和老化情况，发现问题应及时更换，以防漏水。
（7）实验室发生漏水和浸水时，应第一时间关闭水阀。发生水灾或水管爆裂时，应首先切断室内电源，转移仪器防止被水淋湿，组织人员清除积水，及时报告维修人员处置。如果仪器设备内部已被淋湿，应报请维修人员维护。

三、化学性伤害的发生和预防

化学性伤害包括毒性化学品及腐蚀性化学品造成的人员伤害。

（一）毒性物质和中毒

1. 中毒

毒性物质经吞食、吸入或皮肤接触进入机体后，造成人员死亡、严重受伤或健康损害，称为中毒。

（1）毒性物质毒害性的一般规律
① 毒性物质在水里的溶解度越大，毒物的危害性越大。
② 毒性物质颗粒越小，液态毒性物质的沸点越低，越容易被吸入肺部引起中毒。
③ 既有水溶性，又具有油溶性的毒性物质极容易经皮肤、黏膜吸收，引起中毒。
（2）中毒程度分类
① 急性中毒。较大量毒性物质突然进入人体，迅速造成中毒。很快引起全身症状，甚至死亡。
② 慢性中毒。少量毒性物质，经多次接触而逐渐侵入人体，可因积累而中毒，进程缓慢、症状不明显，容易被忽视。
③ 亚急性中毒。症状介乎于急性与慢性二者之间，常因介乎二者之间的剂量的毒性物质进入人体（或因积累而达到）而引起，有时也因为其他原因引起身体健康情况变恶劣。
（3）毒性物质进入人体的途径
① 通过呼吸道进入。有毒的气体、烟雾或粉尘，通过呼吸道，被总表面积超过 $90m^2$ 的表面布满微小毛细血管的肺泡所吸收，毒性物质可直接进入血液，迅速出现全身中毒症状，

危险性很大。

② 通过消化道进入。误食毒性物质由消化系统经过胃、肠吸收进入血液。因毒性物质的性质各异，加上消化道体液的作用，中毒症状反应可能较迟缓，容易造成错觉，故不可忽视。

③ 通过皮肤黏膜进入。完整的皮肤能够阻挡一般毒性物质的侵入，黏膜则明显逊色。若皮肤有伤口或毒性物质具有腐蚀性，则毒性物质能迅速侵入人体。如毒性物质具有水、油溶解性能，侵入速度更快。中毒程度因情况而异。

引起人体中毒症状的常见毒性物质见表 5-5。

表 5-5 引起人体中毒症状的常见毒性物质

项目	症状	常见毒性物质
神经系统	闪电样昏倒 神经衰弱 多发性神经炎 震颤	窒息性气体、苯、汽油（急性中毒） 铅、四乙基铅、汞、锰、苯、甲苯、二甲苯、汽油 铅、砷、二硫化碳 苯、汽油、铅、有机磷、有机氯农药
神经系统	震颤麻痹 视神经炎 瞳孔缩小 瞳孔扩大 中毒性脑病 阵发性痉挛 强直性痉挛	锰、一氧化碳（急性中毒后遗症）、二氧化碳 甲醇 有机磷、苯胺乙醇 氰化物 四乙基铅、二硫化碳、一氧化碳、汽油、四氯化碳 二硫化碳、有机氯 有机磷、氰化物、一氧化碳
血液系统	碳氧血红蛋白血症 高铁血红蛋白血症 溶血 造血障碍	一氧化碳（黏性皮肤呈樱红色） 苯胺、亚硝酸盐、氮氧化物、二硝基苯、三硝基苯 砷化氢、二硝基苯、三硝基苯 苯
消化系统	腹痛 中毒性肝炎	铅、升汞、砷、磷、有机氯、腐蚀性毒物 四氯化碳、硝基苯、砷、磷、铍
肾脏	中毒性肾炎	溴甲烷、有机氯、升汞、溴化物
呼吸系统	轻者上呼吸道刺激 重者肺水肿	刺激性气体

（4）按中毒类型分类

① 窒息性毒性物质。一氧化碳、氰化氢等毒性气体以及虽然无毒但却可导致不能呼吸的氢、氮、二氧化碳等窒息性气体。

② 刺激性毒性物质。氯、氨、二氧化硫、酸蒸气等。

③ 麻醉性毒性物质。醇类、卤代烃、芳香族硫化物、有机汞、有机铅、有机锡、磷化氢等。

④ 其他毒性物质。上述类别毒性物质以外的毒性物质。

（5）致癌性物质。多环芳烃、苯并芘、亚硝胺、α-萘胺、β-萘胺、联苯胺、芳胺、氮芥、烷化剂、黄曲霉素、砷、镉、铍、石棉等。在使用时应注意做好防护。

2. 常见的毒性物质的特性

（1）窒息性气体

① 一氧化碳。无色、无味、无臭、无刺激性气体，易燃，可与空气形成爆炸性混合气

体；能与人体内的血红素结合，造成缺氧，使人昏迷不醒，在低浓度下停留，能产生头晕、恶心以及虚脱甚至死亡；与氯在日光下可生成高毒性的"光气"（碳酰氯）。

② 二氧化碳。无色、无味、无臭、无刺激性气体；是动物呼吸排泄的废气；空气中含量较高时可使人嗜睡、昏迷；在高浓度二氧化碳中，可导致窒息甚至死亡。

③ 氮。无色、无味、无臭、无刺激性气体；是典型的窒息性气体，可导致缺氧、窒息甚至死亡。

④ 氢。无色、无味、无臭、无刺激性气体，易燃，可与空气形成爆炸性混合气体；是典型的窒息性气体，可导致缺氧、窒息甚至死亡。

⑤ 氰化氢。无色透明液体，易挥发，具有苦杏仁味，具有燃烧性，蒸气可与空气形成爆炸性混合气体；剧毒性物质，作用是破坏体内细胞的呼吸生理而导致窒息，作用迅速，误食氰化氢几乎必死亡，即使黏附于皮肤也会被吸收而致死。

（2）刺激性气体

① 氯。黄绿色气体，有强刺激臭，具有腐蚀性和强氧化性，与很多物质能发生猛烈的化学反应，低浓度下可引起眼和上呼吸道刺激症状，接触时间较长或浓度较大时症状会加重，引起慢性损害，吸入高浓度氯气，可造成严重伤害，呼吸困难、嗜睡、呼吸抑制，甚至猝死。

② 氨。无色、强尿臭味刺激性气体，具有可燃性、腐蚀性；对皮肤、黏膜，尤其是对眼睛有强烈刺激，可导致呼吸道刺激和炎症、视力损害。高浓度下可造成严重伤害。甚至死亡。

浓氨水（$NH_3 \cdot H_2O$）溅入眼内，可引起角膜溃疡、穿孔。

③ 二氧化硫。无色气体，具有强烈辛辣气味，容易液化；液态二氧化硫受热或撞击有爆炸危险；人吸入二氧化硫可导致黏膜炎症、脓肿溃疡，高浓度的二氧化硫可致哑嗓、胸痛、呼吸困难、眼睛炎症、发绀、神志不清症状等危险状态。

④ 三氧化硫。无色、强酸性刺激性气体，在空气中能大量吸收水分产生白色烟雾；人吸入可导致呼吸器官严重受伤害，情况比二氧化硫更严重。

⑤ 氟化氢。无色气体，接触空气产生白色烟雾，有特殊刺激臭味；强氧化性、强腐蚀性、强毒害性物质。可以引起很多物质燃烧，对很多材料有腐蚀作用。浓度越高对人体危害越大，人吸入可以引起强烈刺激，并使组织发生变化；也可以通过皮肤侵入人体使组织破坏，使人剧烈疼痛；慢性中毒也可造成死亡。

氟化氢的水溶液为氢氟酸，接触可造成腐蚀和毒害，吸入蒸气如同吸入氟化氢。

⑥ 氮氧化物。气体、有强刺激性；人吸入对深部呼吸道有损害作用，引起支气管炎、肺炎、肺水肿；还可以引起眩晕、痉挛、多发性神经炎等；高浓度时可迅速出现窒息、死亡。接触可致黏膜损害，有肿胀充血等症状。

⑦ 溴。红棕色液体，蒸气有强制激性；接触可产生皮疹，人吸入可引起咽炎、疼痛、咳嗽、流泪等刺激和局部损伤等症状。

（3）麻醉性、神经性毒性物质

① 醇类

a. 甲醇。无色透明液体，易挥发，易燃烧，有酒精气味；人吸入甲醇蒸气具有麻醉作用，对视神经伤害性强；急性中毒症状为头晕、酒醉感、恶心、耳鸣、视力模糊，严重时出现复视、眼球疼痛，甚至呼吸衰竭、神智昏迷、视力丧失；慢性中毒为神经衰弱和植物性神经功能紊乱、视力模糊、胃肠障碍。

误服甲醇 1g/kg，即可使人视力丧失，甚至死亡。

b. 乙醇。无色透明，有酒精气味和刺激性；易燃液体；对皮肤和黏膜有刺激和脱水作用，对中枢神经有麻醉作用，一次饮用含 50～100g 纯乙醇的酒时，严重者可致死。经常大量饮酒，可引起消化不良，肝、胰疾病，多发性神经炎，心脏病。

此外，饮酒可使许多毒性物质的毒性加强。

② 乙醚。无色，极易挥发，有芳香味，易燃液体；短时间吸入少量能使人兴奋，而后沉醉引起头痛、失眠、痉挛、精神失常、肾炎等；急性中毒引起麻醉、呕吐、发绀、四肢发冷、呼吸不规律，有时会停止呼吸、瞳孔放大，但一般不会致死。

③ 甲醛。无色、有刺激臭味液体，易燃；水溶液则不属易燃品。对神经系统，尤其是视神经有毒害性，有麻醉作用，对皮肤黏膜有刺激作用，吸入其蒸气有眼部灼痛、咽痛、头痛、恶心、呕吐等症状，严重时可引起喉痉挛、肺水肿。慢性中毒时头痛、视线模糊。有致癌作用。

④ 丙酮。芳香味无色透明，易挥发、易燃液体；吸入大量蒸气可致流泪、咽喉刺激、酒醉感、气急、发绀、抽搐、昏迷。

⑤ 卤代烃。

a. 氯甲烷。无色气体，加压下容易液化，具有可燃性，在空气中可因高热转化为光气，吸入高浓度氯甲烷，会引起急性中毒，症状为头痛、恶心呕吐。长时间接触低浓度氯甲烷，可引起慢性中毒，有眩晕、食欲不振、酒醉感等症状，对肝、肾有损害，严重时呈现痉挛、昏睡而致死；皮肤接触有麻醉作用。

b. 溴甲烷。无色气体，4℃凝结为无色透明液体，类似氯仿气味，有毒；遇明火、高温或铝粉，有燃烧爆炸危险；吸入高浓度溴甲烷，可引起黏膜刺激，头昏、头痛等中枢神经系统症状，重度中毒时剧烈头痛、复视或双目失明，皮肤接触可引起灼伤、红斑、丘疹；个别人中毒有潜伏期。慢性中毒主要是神经系统症状。

c. 氯乙烯。无色气体，有类似氯仿气味；具有燃烧、爆炸性；有麻醉和致癌、致畸作用；长期接触氯乙烯能引起神经、消化、血液系统，骨骼和皮肤等病变；吸入高浓度氯乙烯可引起急性中毒，严重时神志不清，甚至死亡。液体氯乙烯可导致皮肤冻伤。

d. 四氯化碳。无色液体，有类似氯仿气味；不燃烧，在潮湿空气中或高热作用下可以转化为光气；吸入高浓度四氯化碳可引起黏膜刺激，中枢神经抑制和胃肠道刺激症状；慢性中毒为神经衰弱综合征，损害肝、肾；接触导致皮肤干裂。

⑥ 芳香族化合物。

a. 苯类。包括苯、甲苯、二甲苯等。属易燃液体，常温下挥发，可与空气形成爆炸性混合气体；短时间吸入高浓度蒸气，可致急性中毒，先短时间兴奋、呼吸中枢神经痉挛，后陷入麻醉状态，有死亡危险，长时间吸入低浓度蒸气可引起慢性中毒，损害神经系统。

苯的慢性中毒还可损害造血功能，有强烈致癌性。

b. 苯胺。无色易燃油状液体，有强烈特殊臭味，蒸气和燃烧产物均有毒；吸入和接触皮肤均可中毒，主要是使血液不能携带氧气，导致组织缺氧，致窒息、紫绀、头痛、胸闷、心悸气短，严重时影响中枢神经而死亡。

c. 芳香族硝基化合物。芳香气味，挥发性物质；吸入或接触均可吸收中毒，急性中毒可致高铁血红蛋白症、溶血性贫血及肝、肾损伤。

⑦ 脂肪族硫化物。

a. 硫酸二甲酯。无色或淡黄色透明液体，有特殊洋葱气味；剧毒，有腐蚀性；可燃烧，与氢氧化铵剧烈反应；吸入蒸气可引起急性中毒，潜伏期 4～15h，严重时可引起气管炎、肺水肿甚至窒息死亡；皮肤黏膜接触可致灼伤、组织坏死；长期接触低浓度蒸气，可以造成慢性炎症。

b. 硫脲。白色有光泽的晶体，味苦；可燃烧，有毒，对大鼠致死量为 1mg/kg；有较强致癌性。中毒症状为中枢神经麻痹，肺和心脏功能减弱，严重时可致死。接触皮肤可受到损害。

⑧ 汽油和石油烃。强溶剂性，有毒、易燃或可燃性。对皮肤有刺激，引起龟裂、红斑甚至水疱；吸入可导致头痛、头晕、心悸、神志不清；呼吸、造血、神经系统慢性损害；某些石油烃长期刺激可致皮肤癌。

⑨ 磷化氢。无色、微带腐鱼臭味的气体，有自燃性；剧毒，吸入可产生胸痛、发冷、眩晕、呼吸短促、痉挛、昏迷以至死亡。

⑩ 硫化氢。无色带腐蛋臭味的气体，易燃性；有强毒性，较强腐蚀性，吸入 $200mg/m^3$ 浓度的硫化氢 5～8min 后，眼、鼻、咽喉的黏膜感到有灼热性疼痛，胸闷、恶心、视力模糊，意识消失，浓度更高就会有生命危险，可致死亡。硫化氢的麻醉作用往往使中毒者对其嗅觉逐渐迟钝，失去警觉，并因此错失避险机会。

（4）其他类型毒性物质

① 氰化物。剧毒品，常有腐蚀作用；内服、吸入及接触均能引起中毒。多为急性中毒，症状为呼吸不规则、昏迷、大小便失禁，皮肤黏膜出现鲜红色彩，血压下降，迅速发生呼吸障碍而死亡。幸免于死者也常有神经系统后遗症。

② 砷和砷化合物。吸入含砷蒸气中毒常产生头痛、痉挛、意识丧失、昏迷、呼吸和血管运动中枢麻痹等；误服中毒，口中有金属味，口、咽和食道有灼烧感，恶心呕吐，剧烈腹痛；呕吐物先呈米汤样，后带血；全身衰竭，最后皮肤苍白、面绀、血压下降、体温下降，死于心力衰竭。

③ 汞和汞化合物。急性中毒表现为严重口腔炎、口中金属味、恶心呕吐、腹痛、腹泻、大便血水样，常虚脱、惊厥，尿中有蛋白和血细胞，严重时少到无尿，因尿毒症而死。慢性中毒表现为消化系统及神经系统损害，口有金属味、有金属沉着、淋巴结及唾液腺肿大、嗜睡、头疼、记忆减退、手指和舌头震颤等。

④ 铅和铅化合物。主要为误服中毒，患者口中常有甜金属味，症状是恶心、呕吐、有难以忍受的阵发性腹部绞痛；严重者出现痉挛、抽搐甚至瘫痪、昏迷；还可能出现中毒性肝炎、肾炎及贫血等症状。慢性主要是贫血、肢体麻痹、瘫痪及各种精神症状。

⑤ 铬酸、铬酸盐类。主要损害皮肤、黏膜、消化系统，有炎症、溃疡，可深入至骨头，引起肝、肾损害，致癌。

⑥ 镉和镉化合物。多因吸入含镉蒸气或烟雾而中毒。表现为口中有金属甜味，全身疲乏，有胃肠炎、肾炎、上呼吸道炎症。

⑦ 磷和磷化合物。黄磷具有剧毒性、自燃性，误服和吸入蒸气均可中毒。表现为呕吐、昏迷、腹痛、肝肿大、黄疸、便尿血；重者呼吸衰竭可致死亡。慢性中毒可使骨质松脆，坏死。部分磷化物在空气中可吸收水汽或与酸接触而分解释放出磷化氢。有机磷农药通常都具有较高的毒性。

⑧ 可溶性钡盐。误食可导致食道、胃烧灼感，呕吐、腹痛、血压下降以至心肌麻痹而死。

⑨ 锰。长期接触锰化合物或吸入含锰粉尘，可以导致慢性中毒，表现为嗜睡、失眠、

记忆减退、锥体外神经障碍、言语含糊不清、四肢僵直、震颤、共济失调、智力下降、精神失常、强迫观念等，患者生活不能自理。

（二）腐蚀性物质及其伤害

1. 腐蚀性物质对人体的伤害

没有防护的人体组织和其他生物组织，接触到腐蚀性物质，就可能受到腐蚀，发生组织破坏。

与热力烧伤相似，化学腐蚀也是首先造成体表损害，再逐渐深入组织内部，使深层组织受到损害的。由于化学腐蚀对机体组织的损害过程及损害的程度与热力烧伤的情况很相似，所以人们通常把它们合并讨论。如果发生作用的腐蚀性物质同时具有毒性或其他危险性质，则这些危险性质会同时对组织发生作用，形成复合伤害，可造成救护困难并导致伤口愈合不良，必须慎重对待。

2. 常见腐蚀性物质及主要伤害作用

（1）酸类

① 硫酸。强酸，有强烈腐蚀性和氧化性，浓硫酸具有强烈的脱水性。接触浓硫酸可能被严重烧伤。

② 硝酸。强酸，有强烈腐蚀性和氧化性，浓硝酸与蛋白质能产生"黄蛋白"效应。

③ 盐酸。强酸，有强烈腐蚀性，但对人体的腐蚀比较弱。

④ 磷酸。中强酸，高浓度时对人体组织有腐蚀作用。

⑤ 草酸。有机酸，有毒。

（2）碱类

① 氢氧化钠。强碱，有强烈腐蚀性，对蛋白质强烈溶解。

② 氢氧化钾。强碱，有强烈腐蚀性，对蛋白质强烈溶解。

③ 氢氧化钡。强碱，有强烈腐蚀性，对蛋白质强烈溶解。

④ 氢氧化钙。中强碱，有较强腐蚀性，对蛋白质侵蚀。

（3）苯酚。无色针状晶体，有强腐蚀性和毒害性；吸入可致眩晕、呼吸困难，严重可致死。接触可引起皮肤腐蚀、灼烧与中毒。纯苯酚入眼，可立即造成角膜灼伤并坏死。

（4）三乙基铝。无色液体，有自燃性；有腐蚀性；人体接触可引起组织破坏出现烧伤症状，剧烈疼痛；本品燃烧产生的烟雾会刺激气管和肺部。

（三）化学性伤害的预防

（1）实验室中毒的预防措施

① 严格毒性物质管理制度，毒性物质有专人管理，避免毒性物质扩散。剧毒性物质要执行"五双"管理制度（双人双锁保管、双账、双人收发、双人运输、双人使用）。

② 尽量用无毒或低毒的物质代替有毒或高毒性物质，以减少人员的中毒机会。使用毒性物质时，工作人员应充分了解毒性物质的性质、注意事项及急救方法。

③ 使用毒性物质的实验室应有良好的通风，并具有相应的排毒设施，以防止毒性物质在室内积聚。万一发生毒性物质泄漏到室内，应立即关闭其发生装置，停止实验，切断电源（如所泄漏的毒性物质是可燃气体或蒸气，应按可燃气体或蒸气的安全要求处理），熄灭火源，撤出人员。

④ 避免毒性物质污染扩散。

a. 取用毒性物质时应立刻加盖密封。

b. 发生毒性物质散落应立刻清理除毒。

c. 盛装毒性物质的容器，用完后应由使用者亲自清洗处理除毒。

d. 有毒的废水、废渣应经处理除毒后才能排放。

e. 盛装毒性物质的容器，标签必须完整、清楚，脱落或模糊时应及时更换新瓶签，并注明更换日期，更换人必须签名以示负责。

⑤ 做好人员防护。

a. 禁止在有毒的环境内存放食物、食具及吸烟、进食。

b. 进行毒性物质实验的前、后8小时内不得喝酒，以免增强人体对毒性物质的吸收或毒性作用。

c. 实验时必须做好个人防护，避免人体与毒性物质接触。

d. 嗅闻试样时不得正对口鼻，要保持一定的距离。

e. 接触毒性物质后，必须脱去接触过毒性物质的防护用品，并认真洗漱后，才能外出活动或进食。带毒的防护用品应适时清理。

f. 使用剧毒品后，应洗澡更衣。带剧毒品的防护用品必须清洗干净，以免污染扩散（很稀的剧毒品溶液可按有毒品的规定进行操作）。

g. 采取有毒性的试样时必须严格遵守采样安全规程，做好个人防护。

h. 皮肤有损伤无法包扎防护的，或身体有不适感的，禁止进行毒性物质的实验。

i. 实验人员在实验中如发现有不适感觉，应即报告，并立即到空气新鲜处稍事休息，如仍不适，可请医生诊治。

⑥ 根据实验室使用毒性物质的情况，编写《实验室毒性物质的毒性、中毒表现及急救规范》并公布于众。

⑦ 根据需要配备适当的解毒、除毒和急救药物。

⑧ 认真执行劳动保护条例，尽量减少人员接触毒性物质的时间，并定期进行针对性体检，及早发现病情和治疗。

（2）化学腐蚀的预防

① 使用化学腐蚀性物质时，要穿戴好防护用品，包括使用防护眼镜、橡胶手套等，皮肤上有伤口时要特别注意防护。

② 实验室内应备有充足水源，并配备有 20～30g/L 的稀碳酸氢钠及稀硼酸（稀醋酸）溶液，以备急救时使用。

③ 大瓶腐蚀性物质应使用手推车或双人担架搬运；移动或打开大瓶液体，瓶下应垫橡胶垫，防止与地板直接碰撞破裂；开启用石膏封口的大瓶腐蚀性物质时，应先用水把石膏泡软，再用锯子小心把石膏锯开，严禁锤砸敲打。

④ 禁止使用浓酸（或浓碱）直接进行中和操作，需要进行中和操作时，应先予以稀释后再行操作。

⑤ 稀释浓酸（特别是浓硫酸），必须在耐热的容器（如烧杯）中进行，在搅拌下缓缓地将浓酸倒入水中，绝不允许相反操作，且不许用摇动代替搅拌。溶解固体氢氧化钠（或其他强碱）时，也应该在烧杯中进行，稀释浓碱可以参照执行。

⑥ 压碎或研磨腐蚀性物质时，要防止碎块飞溅伤人。

⑦ 使用挥发性腐蚀性物质或有腐蚀性气体产生的实验，应在通风柜或抽气罩下进行，

以局限其影响范围。

⑧ 对于同时具有其他危险性质的腐蚀性物质，实验时要同时做好相应防护措施，防止发生连带伤害。

⑨ 在使用腐蚀性物质的时候要特别加强对眼睛的防护。

四、设备安全和危害预防

（一）特种设备

常用特种设备主要有压力设备、气体钢瓶等，压力设备包括高压反应釜、高压蒸汽灭菌锅、高压气瓶等。

1. 压力设备

（1）压力设备需定期检验，确保其安全有效。启用长期停用的压力设备须经过特种设备管理部门检验合格后才能使用。

（2）压力设备从业人员须经过培训，持证上岗，严格按照规程进行操作。使用压力设备时，人员不得离开。

（3）工作完毕，不可放气减压，须待容器内压力降至与大气压相等后才可开盖。

（4）发现异常现象，应立即停止使用，并通知设备管理人。

2. 气体钢瓶

（1）使用单位需确保采购的气体钢瓶质量可靠，标识准确、完好，专瓶专用，不得擅自更改气体钢瓶的钢印和颜色标记。

（2）气体钢瓶存放地严禁明火，保持通风和干燥、避免阳光直射。对涉及有毒、易燃易爆气体的场所应配备必要的气体泄漏检测报警装置。

（3）气体钢瓶须远离热源、火源、易燃易爆和腐蚀物品，实行分类隔离存放，不得混放，不得存放在走廊和公共场所。严禁氧气与乙炔气、油脂类、易燃物品混存，阀门口绝对不许沾染油污、油脂。

（4）空瓶内应保留一定的剩余压力，与实瓶应分开放置，并有明显标识。

（5）气体钢瓶须直立放置，并妥善固定，防止跌倒。做好气体钢瓶和气体管路标识，有多种气体或多条管路时，需制定详细的供气管路图。

（6）开启钢瓶时，先开总阀，后开减压阀。关闭钢瓶时，先关总阀，放尽余气后，再关减压阀，切不可只关减压阀，不关总阀。

（7）使用前后，应检查气体管道、接头、开关及器具是否有泄漏，确认盛装气体类型，并做好可能造成的突发事件的应急准备。

（8）移动气体钢瓶使用手推车，切勿拖拉、滚动或滑动气体钢瓶。严禁敲击、碰撞气体钢瓶。

（9）若发现气体泄漏，应立即采取关闭气源、开窗通风、疏散人员等应急措施。切忌在易燃易爆气体泄漏时开关电源。

（10）不得使用过期、未经检验和不合格的气瓶。

（二）一般设备及设施安全

使用设备前，需了解其操作程序，规范操作，采取必要的防护措施。对于精密仪器或贵重仪器，应制定操作规程，配备稳压电源、UPS 不间断电源，必要时可采用双路供电。设备使用完毕需及时清理，做好使用记录和维护工作。设备如出现故障应暂停使用，并及时报告、维修。

1. 机械加工设备
（1）在机械加工设备的运行过程中，易造成切割、被夹、被卷等机械伤人意外事故，操作时应严格遵守操作规程。
（2）对于冲剪机械、刨床、圆盘锯、研磨机、空压机等机械设备，应有护罩、套筒等安全防护设备。
（3）对车床、滚齿机械等高度超过作业人员身高的机械，应设置适当高度的工作台。
（4）操作时应佩戴必要的防护器具（工作服和工作手套），束缚好宽松的衣物和头发，不得佩戴长项链、长丝巾和领带等易被卷入或者缠绕的物品，不得穿拖鞋，严格遵守操作规程。

2. 冰箱
（1）冰箱应放置在通风良好处，周围不得有热源、易燃易爆品、气瓶等，不得在冰箱附近、上面堆放影响散热的杂物。
（2）存放危险化学药品的冰箱应粘贴警示标识，冰箱内药品须粘贴标签，并定期清理。
（3）危险化学品须储存在防爆冰箱或经过防爆改造的电子温控冰箱内。存放易挥发有机试剂的容器应加盖密封，避免试剂挥发至箱体内积聚。
（4）存放强酸强碱及腐蚀性的物品应选择耐腐蚀的容器，并且存放于托盘内。
（5）存放在冰箱内的容量瓶和烧瓶等重心较高的容器应加以固定，防止因开关冰箱门时造成倒伏或破裂。
（6）食品、饮料严禁存放在实验室冰箱内。
（7）若冰箱停止工作，应及时转移化学药品并妥善存放。

3. 加热设备
（1）使用加热设备，应采取必要的防护措施，严格按照操作规程进行操作。使用时，人员不得离岗，使用完毕，应立即断开电源。
（2）加热、产热仪器设备须放置在阻燃的、稳固的实验台上或地面上，不得在其周围或上方堆放易燃易爆物或杂物。
（3）禁止用电热设备直接烘烤溶剂、油品和试剂等易燃、可挥发物。若加热时会产生有毒有害气体，应放在通风柜中进行。
（4）应在断电的情况下，采取安全方式取放被加热的物品。
（5）实验室不允许使用明火电炉。
（6）使用管式电阻炉时，应确保导线与加热棒接触良好；含有水分的气体应先经过干燥后，方能通入炉内。
（7）使用电热枪时，不可对着人体的任何部位。
（8）使用电吹风和电热枪后，需进行自然冷却，不得阻塞或覆盖其出风口和入风口。用毕应及时拔除插头。

4. 通风柜
（1）通风柜内及其下方的柜子不能存放化学品。
（2）使用前，检查通风柜内的抽风系统和其他功能是否运作正常。若发现故障，切勿进行实验，应立即关闭柜门并联系维修人员检修。

（3）应在距离通风柜内至少15cm的地方进行操作；操作时应尽量减少在通风柜内以及调节门前进行大幅度动作。

（4）切勿用物件阻挡通风柜口和柜内排气通道。

（5）定期检测通风柜的抽风能力，确保通风效果。

（6）进行实验时，人员头部以及上半身绝不可伸进通风柜内；操作人员应将玻璃视窗调节至手肘处，使胸部以上受玻璃视窗屏护。

（7）人员不操作时，应确保玻璃视窗处于关闭状态。

（8）每次使用完毕，应彻底清理工作台和仪器。对于被污染的通风柜应挂上明显的警示牌，并告知其他人员，以免造成不必要的伤害。

5. 紧急喷淋洗眼装置

（1）紧急喷淋洗眼器既有喷淋系统，又有洗眼系统。

（2）紧急情况下，用手按压开关阀（或者脚踏），洗眼水从洗眼器自动喷出；用手拉动拉杆，水从喷淋头自动喷出。眼部和脸部的清洗至少持续10或15分钟。

（3）当眼睛或者面部受到化学危险品伤害时，可先用紧急洗眼器对眼睛或者面部进行紧急冲洗；当大量化学品溅洒到身上时，可先用紧急喷淋器进行全身喷淋，必要时尽快到医院治疗。

五、实验室机械伤害事故的发生及预防

1. 实验工作中机械伤害事故的发生和危害

实验室工作中发生机械伤害事故的机会不多，主要是运动性仪器设备的部件损坏导致某些物体的飞出使人受伤，障碍物、突出的部位导致人员的跌倒。实验室机械伤害事故一般情况下不会太严重，但偶然也有例外。

在仪器设备没有停止运行，或者停止运行但没有切断电源情况下，把手伸进运转设施内进行检查或操作，往往会导致意外伤害发生。

2. 实验室机械伤害事故的预防

（1）仪器设备加安全装置

① 密闭与隔离。在运动设备的运动部位加装宽度大于部件50mm的防护罩，突出的销钉、螺栓加上圆形光滑的罩子。

② 安全联锁。对极易造成人身伤害的冲、切装置，应加装安全联锁装置。

③ 紧急刹车。开放式机械应有紧急刹车，并灵活可靠。

④ 防护屏障。有可能发生爆炸或有物体飞出的设备装置，应加装防护屏障。某些玻璃仪器可以用厚毛巾加以包裹。

⑤ 其他。根据具体情况而定。

（2）人员操作的安全防护

① 严格执行安全操作规程，正确使用和维护仪器设备，正确使用防护用品。

② 进行机械操作时，操作服应"三紧（袖口、下摆、裤脚）"。留长发的实验人员应将长发收进工作帽里，并确保不脱出。

③ 在转动部件附近工作时，要注意保持距离，不要站在设备可能有物件飞出的方向上。

④ 禁止用手触摸或擦洗转动着的部位，禁止戴手套进行转动机械的操作。不要在运行

机械上面搁放物件。

⑤ 检修设备时，必须切断电源，并经两次"启动"确保无误，在电源开关处加上"安全锁"（不能加锁的应挂上"禁动"牌，并派人进行监护；使用"插头""插座"连接的应拔下"插头"）后，方可施工。

⑥ 安装、拆卸玻璃仪器，切割、折断玻璃管等操作，应用厚布包裹，并忌用暴力，防止破裂。

任务四　实验室伤害事故应急救援

一、常见人员伤害事故的紧急处理原则

（1）迅速使伤员脱离危险、危害现场
① 采取避免受伤人员进一步受到危险、危害因素威胁的基本措施。
② 实施现场急救的需要，避免救护人员在对伤员实施急救时受到危险、危害因素的作用。
（2）迅速清除伤员身上"携带"的危害因素并消除其危害作用
① 清除和清洗身体表面沾染的有害物质。
② 采取适当措施排除进入身体内部的有害物质。
③ 根据危害因素的特性，采用相应的和（中和）解（分解）剂，消除体表和进入人体组织的危害因素的残余作用。
（3）出现生命危象应该立即进行抢救。
（4）尽快送就近医院进行后续救护或治疗。
注意：进入现场抢救伤员的抢救人员，必须做好自身安全防护，避免增加伤亡。

二、常见人身伤害的急救措施

（一）触电急救

由于电流对神经的刺激作用，触电者往往不能自行摆脱，严重者可能出现心跳、呼吸停止（即"假死"），若不及时抢救，容易造成生命危险。因此，发生触电事故时，应立即采取下列措施。

1. 切断电源

迅速切断电源开关或拔下电源插头，或用绝缘工具切断电线，或用干木棒、竹竿或用干布裹手将电线移开，使触电者迅速脱离带电体，并注意避免触电者摔伤。

2. 移走患者

迅速把患者移至安全通风处，松解衣服，使其呼吸新鲜空气，患者神志清醒时，可让其安静休息；神志不清醒者，应请医生诊治；若患者"假死"，应立即施行"复苏术"抢救。

3. 复苏抢救

（1）使用"呼吸器"进行人工呼吸
① 使患者仰卧，解衣宽带，术者先将患者口腔中的假牙、血块和呕吐物清除，使呼吸道通畅。

② 给伤员佩戴上"呼吸器",按照"呼吸器"的相关说明进行操作。注意:手动挤压气囊时必须用力,使伤员胸部"隆起"约 2 秒,放松 3 秒,每分钟 10～15 次。

(2) 无"呼吸器"情况下的"徒手"人工呼吸

① 口对口人工呼吸法

a. 患者仰卧,宽衣解带,术者先将患者口腔中的假牙、血块和呕吐物清除,使呼吸道通畅。

b. 术者使患者头向后仰,捏鼻(避免漏气),接着术者用嘴紧贴患者嘴(可以垫一层纱布),大口吹气约 2 秒,然后放松约 3 秒。

c. 重复进行操作,每分钟 10～15 次(图 5-6)。

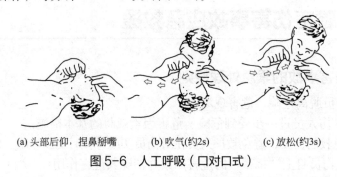

(a) 头部后仰,捏鼻掰嘴　　(b) 吹气(约2s)　　(c) 放松(约3s)

图 5-6　人工呼吸(口对口式)

② 口对鼻人工呼吸法。操作与"口对口人工呼吸法"基本相同,只是"捏鼻"和"向嘴吹气"改为"捂嘴"和"向鼻孔吹气",适用于嘴部可能沾染有毒性物质的受伤人员。

③ 仰卧牵臂人工呼吸法(史氏人工呼吸法)。当因故不宜进行口对口(鼻)人工呼吸时(如伤员口、鼻均可能沾染毒性物质,或者伤员是孕妇,或腹部受伤者,需避免使患者腹部受到挤压),可采用仰卧牵臂人工呼吸法(见图 5-7)。操作要领如下。

(a) 仰卧牵臂人工呼吸法准备动作　　(b) 仰卧牵臂人工呼吸法牵拉动作

图 5-7　仰卧牵臂人工呼吸法

a. 使患者仰卧,松解衣扣和腰带,除去假牙,清除病人口腔内痰液、呕吐物、血块、泥土等异物,保持呼吸道畅通。

b. 救护人员位于患者头顶一侧,两手握住患者两手,交叠在胸前,然后握住两手向左右分开伸展 180°,接触地面。

c. 救护人员在患者双手接触地面后,重新拉回至其胸前,然后重复步骤"b、c"的操作。

d. 速度与其他人工呼吸法速度相同,成人为 16～18 次/分钟、儿童 18～24 次/分钟。

(3) 心脏按压术

① 术者跪在患者一侧或骑跪在患者身上,两手相叠,掌根放在患者心窝稍高的地方。

② 掌根用力向下按压 3～4cm(儿童 1～2cm),按压后掌根迅速放松,让患者胸部自动复原,放松时掌根不必离开胸部。

③ 每分钟 50～60 次，儿童患者可单手按压，速度略快些（见图 5-8）。

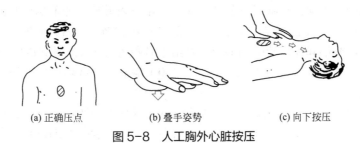

(a) 正确压点　　　(b) 叠手姿势　　　(c) 向下按压

图 5-8　人工胸外心脏按压

④ 复苏抢救应进行至患者苏醒或经医生鉴定死亡为止。

（二）烧伤的急救

① 迅速使患者脱离烧伤现场，并除去燃烧或被热液体浸湿的衣服，必要时用剪刀剪除，以避免伤势加重。

② 轻度烧伤伤口用清（温）水洗除污物后，可用生理盐水冲洗，并涂以烫伤油膏（不要挑穿水泡，若预计需送医院者则不要涂烫伤油膏），必要时用消毒纱布轻轻包扎予以保护。

面积较大（10% 以上）的烧伤，应送医院治疗，不要自行涂敷油膏，以免影响医生诊治。

③ 注意纠正患者出现的虚脱、休克等症状。如出现呼吸或心跳停止现象，应立即抢救复苏，并适当给患者以温热饮料或输液，纠正脱水现象。

在烧伤处没有出血的情况下，可以把伤处用凉水浸泡或用凉水轻轻冲洗，使局部温度下降，既可止痛，也有利于伤口恢复。

生物组织中的蛋白质在高温下容易转化为有毒的焦糊状物，所以在清理伤口时应该尽量清除产生的焦糊状物，并避免暂时不能清除的"焦痂"与裸露的创面直接接触。

（三）冻伤的急救

"冻伤"可视为"'负'的烧伤"，是由于环境或物体温度过低而导致人体局部或全身组织的病变。

冻伤的典型表现为组织发红、变紫蓝色，麻木，疼痛，肢体僵硬，严重冻伤可致部分组织坏死，全身严重冻伤可导致死亡。

实验室引起冻伤的原因，经常是使用气体钢瓶时发生气体的泄漏造成局部的低温，或者在冬季外出室外取样时因严重受冻发生冻伤。

发生人员冻伤，急救方法是用温水（40～42℃）浸泡，或用温暖的衣物、毛毯等保暖物品包裹，使冻伤伤处温度回升。严重冻伤经上述处理仍不能恢复的，应请医生治疗。

（四）化学性伤害的急救措施

吸入毒性气体或蒸气、误服或接触毒性物质致中毒和其他伤害，应立即按化学性伤害急救基本原则的要求，将患者移至空气新鲜处，使其吸入新鲜空气，注意保暖，衣物沾染毒物者应立刻脱除衣物，并冲洗污染部位，再按下列情况分别做除毒害及相应急救处理。

① 毒性气体与蒸气

a. 一氧化碳和二氧化碳、氮、氢等窒息性气体。遇到呼吸衰竭时，可以施行人工呼吸，或给氧。

严重的一氧化碳中毒在进行现场救护后应速送有"高压氧舱"的医院救治。昏迷复苏病人，应注意脑水肿的出现，有脑膜刺激证候应及早用甘露醇或高能葡萄糖等进行脱水治疗。

b. 氰化氢。适当吸入亚硝酸异戊酯蒸气（2分钟吸30次），感觉消失者，立即请医生救治，静脉注射亚硝酸钠和硫代硫酸钠溶液。可给患者吸入含5%二氧化碳的氧气。

c. 硫化氢。中毒严重时，可吸入 H_2O_2（2+100）溶液蒸气或给氧，并请医生救治；必要时施行人工呼吸。

d. 氯、溴、氯化氢、二氧化硫、三氧化硫等酸性刺激性气体。可吸入20g/L的 $NaHCO_3$ 水热蒸气（或喷雾），也可以吸入稀氨水的水蒸气（雾），给服 $NaHCO_3$ 并含漱；胸、咽喉受刺激者适当冷敷；眼睛受刺激时用20g/L的 $NaHCO_3$ 水溶液洗眼，情况严重者，请医生治疗。

e. 氮氧化物。静注50%葡萄糖20~60mL，对症止咳、镇静及使用抗生素，忌用吗啡。

f. 氨。立即吸入大量水蒸汽，内服10g/L酒石酸、柠檬酸或醋酸溶液。喉部水肿、呼吸困难时应请医生治疗。

g. 卤代烷。大量吸入时可做人工呼吸或吸氧，静注50%葡萄糖40mL，并请医生对症治疗；眼睛受损时用20g/L的 $NaHCO_3$ 水冲洗。

② 液体或固体毒性物质、腐蚀性物质

a. 误服酸类（硫酸、硝酸、盐酸、草酸等）。应立即请医生，可内服15g/L的氢氧化镁悬浮液或氢氧化铝胶，然后服蛋白溶液（每升用5个鸡蛋）或牛奶，忌用碳酸氢钠或碳酸钠，禁止使患者呕吐。皮肤伤可以用50g/L的 $NaHCO_3$ 水溶液洗，酸雾吸入者用2%碳酸氢钠雾化吸入。

b. 误服碱类（氢氧化钠、氢氧化钾、氢氧化钙等）。禁止洗胃或呕吐，可给服稀醋酸或柠檬汁500mL，或（1+200）盐酸100~500mL，再服蛋清或牛奶。皮肤灼伤可以用（1+50）稀醋酸或20g/L稀硼酸溶液洗。

c. 氰化物。氰化物为剧毒品，若患者神志清醒，应及早用温热盐水或10g/L的硫代硫酸钠约500mL催吐，也可用0.2g/L高锰酸钾溶液、（1+9）H_2O_2 溶液洗胃，以后每15分钟服一汤匙硫酸亚铁或氧化镁混悬液。适当使用亚硝酸戊酯或亚硝酸丙酯蒸气吸入，以及静注亚硝酸钠和硫代硫酸钠溶液解毒。可给患者吸入含5%二氧化碳的氧气。

d. 砷化物。误服中毒应立即洗胃、催吐或导泻；洗胃时用新配的氢氧化铁（120g/L硫酸亚铁、200g/L氧化镁混悬液等量混合），每5~15分钟一汤匙，直到呕吐；也可以用蛋清或牛奶，加活性炭粉更好，然后用硫酸镁导泻。

静注二巯基丙磺酸钠或二巯基丙醇解毒。吸入砷化物中毒时，可给氧及静注药物解毒，严重中毒时，应注意防止休克。

e. 汞和汞盐。汞盐能侵蚀胃黏膜，故误服汞盐不宜洗胃，以防穿孔。发现汞盐中毒应尽快灌服鸡蛋清、牛奶或豆浆，以保护胃壁。食入升汞（氯化汞）者应立即给服还原液（乙酸钠1g，磷酸钠1~2g，加水200mL）每小时1次，共4~6次，使氯化汞还原为毒性较小的甘汞，用硫酸镁导泻。立即静脉注射二巯基丙磺酸钠、二巯基丙醇或葡萄糖解毒。眼、皮肤接触汞或汞盐时，用大量水彻底清洗（清洗皮肤时可用肥皂，尽量避免使用洗涤剂）。

f. 酚。误食酚，立即用硫酸钠（30g/L）洗胃，直至酚的气味消失，如不能及时洗胃，可口服蛋白水及硫酸钠15~30g，加足量水冲服，保护胃壁。洗胃后，可口服牛奶、蛋白或食糖与熟石灰的混合液（水40份，糖16份，熟石灰5份），每5分钟1汤匙。禁止使患者呕吐，必要时给氧。

皮肤灼伤，可用 4 份 20% 酒精加 1 份 0.5mol/L 的氯化铁溶液的混合液冲洗，再用水洗；也可用甘油、聚乙二醇等擦抹伤处，水洗，最后敷上饱和硫酸钠溶液。

g. 镉及其化合物。轻度中毒时，大量饮水，安静休息。严重时用 10g/L 碳酸氢钠溶液洗胃。

h. 可溶性盐。误服后立即用 10g/L 硫酸钠溶液洗胃。服入可溶于胃酸（盐酸）的盐时，用同样方法处理。

i. 磷。误服者，立即用 1~2g/L 硫酸铜溶液或 0.2g/L 高锰酸钾溶液反复洗胃，待蒜臭味消失后，口服 10g/L 硫酸铜溶液 10mL，约 1 分钟后再服，共 3~4 次。

如有磷的颗粒附于皮肤上，应将局部浸于水中，用刷子小心清除，不可将创面暴露于空气中或用油脂涂抹，再以 10~20g/L 硫酸铜溶液冲洗数分钟，然后用 50g/L 的 $NaHCO_3$ 水溶液洗去残留的硫酸铜，最后可用生理盐水湿敷，用绷带包扎。

j. 铬酸及其盐。用 50g/L 硫代硫酸钠或 10g/L 硫酸钠溶液冲洗污染的皮肤。涂以依地酸二钠钙软膏，皮炎可用氢化可的松软膏。误服，用温水或 2% 硫代硫酸钠洗胃，50% 硫酸镁 60mL 导泻，口服牛奶、镁乳等保护剂。

k. 氢氟酸。皮肤接触受到侵蚀，先用大量水冲洗，再用 50g/L 的 $NaHCO_3$ 水溶液洗，最后用甘油-氧化镁（2+1）糊剂涂敷，或用冰冷的硫酸镁液洗，也可涂烫伤消炎油膏。吸入蒸气引起中毒者应给吸入含 5% 二氧化碳的氧气，静卧观察或送医院。

l. 溴。吸入中毒，可吸入水蒸气与氨水的混合物，严重时需吸氧。误服引起急性中毒者，应大量饮盐水，内服牛奶、咽冰块或冰水。皮肤灼伤可用苯擦拭除去，用稀氨水或硫代硫酸钠液洗敷，再敷油膏。眼睛灼伤，立即用 2~5g/L 的 $NaHCO_3$ 水溶液冲洗。

m. 氯化锌。用水冲洗，再用 50g/L 的 $NaHCO_3$ 水溶液冲洗，涂油膏。

n. 硫酸二甲酯。迅速将中毒病人移至空气新鲜处，脱去污染衣服，彻底清洗皮肤，对刺激反应者观察 24~48 小时，及时吸氧，给予镇静、祛痰及解痉药物等对症治疗；眼部受污染时现场及早用生理盐水或清水彻底冲洗，再用 5%~10% 碳酸氢钠溶液冲洗，再用可的松与抗生素眼药水交替滴眼，早期、适量、短程的糖皮质激素疗法可有效防治肺水肿；皮肤灼伤采用抗感染及暴露或脱敏疗法。

o. 四氯化碳。误服者需立即漱口，送医院急救。

p. 苯的氨基、硝基化合物。吸入及皮肤吸收者，休息、吸氧，并注射亚甲蓝及维生素 C 葡萄糖液。皮肤沾染应立即用大量清水（低气温时可用温水）彻底冲洗。

q. 甲醇及醇类。经口进入者立即催吐或彻底洗胃。

r. 硒及其化合物。皮肤或眼污染用大量清水洗净，静注 10% 硫代硫酸钠，皮肤可擦硫代硫酸钠霜。

s. 镍及其化合物。皮肤冲洗，口服二乙基二硫代氨基甲酸钠 0.5g，与等量碳酸氢钠同服。

t. 酯类化合物。皮肤污染用清水及肥皂水洗净，碳酸氢钠雾化吸入。

u. 醛类化合物。脱离污染，清洗皮肤及眼，雾化吸入碳酸钠，以消除呼吸道刺激。严重者入院观察治疗。

v. 胺类化合物。皮肤及眼受污染时，用大量清水彻底冲洗。

w. 苯类及焦油类。吸入者呼吸新鲜空气，促进其呼出。呼吸停止或不正常者，进行人工呼吸。心跳骤停者，进行胸外心脏按压，禁用肾上腺素，昏迷较长者应防脑水肿。

x. 汽油及石油类。吸入患者立即离开污染缺氧环境，清洗皮肤沾染，休息保暖，如吸入汽油多，可引起吸入性肺炎。

③农药

a. 有机汞农药。及早用2%碳酸氢钠洗胃（禁用生理盐水洗），用巯基配合剂解毒。

b. 有机磷农药。除去污染，彻底清洗皮肤，安静休息，注射阿托品及解磷定等解毒药（敌百虫中毒禁用碳酸氢钠及碱性药物，对硫磷等禁用高锰酸钾洗胃）。

所有化学伤害的救护过程中，眼睛伤害都是优先救护对象。

在敷料中加入维生素C有助于碱性腐蚀性物质化学伤害伤口的愈合，对其他烧伤、冻伤的伤口也有好处。

（五）机械性伤害的急救措施

1. 一般外伤的救护

（1）一般擦伤。立即用肥皂水和温水将伤处和周围表皮擦洗干净，然后用（1+9）过氧化氢及生理盐水冲洗伤口，小的伤口可以用碘伏或75%医用酒精消毒周围皮肤（有沾染的伤口可以先用碘酊处理，再用75%医用酒精清洗残存的碘，以减少碘的刺激作用），然后用消毒敷料包扎。如伤口出血，可取消毒敷料做压迫止血，更换敷料后再用绷带轻轻包扎，或用胶布固定。

（2）轻度刺伤、割伤、裂伤。同上清洁表皮和伤口后，要检查伤口内有无异物并清理干净，擦干，同上进行消毒处理，然后用消毒敷料包扎处理。

割裂的伤口在包扎前，应对拢后再包扎。

伤情不明确者，在对伤口进行简单处理后，应送医院诊治。

（3）挫伤、撞伤、扭伤。若无开放性伤口，可以对伤处进行冷敷，以减少内出血。然后用活血化瘀的药物（如"万花油""驳骨水"等）包敷，包扎固定。挫伤、撞伤、扭伤的伤处切勿搓揉，以免加大伤害。

挫伤、撞伤、扭伤受伤严重，或伤员感觉明显痛苦者，应送医院诊治。

2. 严重外伤的救护

（1）大量出血。一般发生在比较严重的刺伤、割伤、裂伤、挫伤、撞伤或炸伤造成的开放性伤口上，若无明显出血点者，应在清除了伤口上的沾染物并做简单的表面消毒后，用消毒敷料全创面压迫止血。若大血管损伤，可在血管的近心端上止血带（每30分钟放松一次），初步止血操作后立即送医院治疗。

深度过大的出血伤口，必要时应填充止血，立即送医院治疗。

（2）骨折。发现骨折，应固定伤肢，送医院治疗。

（3）组织离体。如有离体的组织应尽量寻找，用生理盐水作初步冲洗清洁，再用消毒敷料包裹，急送医院，以利于治疗。如伤员发生休克时应做抗休克处理，注意保暖。

夏季高温天气下，应把"离体组织"置消毒容器中，放进加冰的桶内加以保护（"离体组织"应以棉花或敷料包裹保温，注意不得让冰块直接与"离体组织"接触，以避免组织冻伤），再送医院，以延长其存活时间。

严重外伤的现场急救对挽救伤者的生命及保存组织功能极为重要。

三、眼部外伤的防护和急救

眼睛是人的"灵魂之窗"，眼睛对于人员的工作与生活极为重要，必须认真保护。如发生损伤应优先救护。

1. 眼睛的安全防护

凡有可能导致眼睛受到损害的操作，实验人员均应根据需要佩戴相应的护目镜，并注意保持较大的安全距离，以减少意外伤害的机会和伤害程度。

2. 眼睛伤害的救护

（1）化学伤害物质溅落眼睛。应该立即用清水进行冲洗，然后根据溅落的化学物质的性质进行急救处理（实验室应常备稀硼酸、稀醋酸、稀碳酸氢钠溶液，放置于急救药箱及可能接触强腐蚀物品的地方——如操作场所，以备急救使用）。

（2）固体异物入眼应令伤者闭上眼睛，不要转动眼球，更不要用手揉搓，以免扩大损伤，立即请医生处理。

（3）眼球挫伤、震动伤及其他损伤。立即送医院诊治。

任务五　实验室环境安全管理

一、实验室废物回收利用和处置管理

（一）实验室废物的处置原则

根据环境保护的要求，实验室的废物对环境构成危害，必须加以处理。按照最新的环境保护观念。实验室废物的处置应遵循如下基本原则。

1. 回收利用

由于废物中实际上含有不少有用物质的环保新观念，废物应首先考虑回收利用，某些暂时无实际用途但可以用于处理其他废物的废物（以废治废），应先予以储存待用。

2. 无毒害化

对于确实无利用价值的有毒害废物，可以采取"无毒害化"处理，以消除其毒害性，然后再行排放。

3. 低毒害化

某些无法完全消除其毒害性的废物，应尽量使其以毒害性最小的状态存在，然后再行排放。

（二）实验室常见有毒害废物的处理

实验室的废物主要指实验中产生的废气、废水和废渣（简称"三废"）。由于各类实验室检验项目不同，产生的"三废"中所含化学物质的危害性不同，数量也有明显的差别。为了防止环境污染，保证检验人员及他人的健康，对排放的废弃物，检验人员应按照有关规章制度的要求，采取适当的处理措施，使其浓度达到国家环境保护规定的排放标准。

1. 废气处理

废气处理，主要是对那些实验中产生的危害健康和环境的气体的处理，如一氧化碳、甲醇、氨、汞、酚、氧化氮、氯化氢、氟化物气体或蒸气等。实际上，进行这一类的实验都是在通风柜内完成的，操作者只要做好防护工作就基本不会受到伤害。在实验过程中所产生的危害气体或蒸气，可直接通过排风设备排到室外。这对少量的低浓度的有害气体是允许的，

因为少量的危害气体在大气中通过稀释和扩散等作用，危害能力大大降低。但对于大量的高浓度的废气，在排放之前，必须进行预处理，使排放的废气达到国家规定的排放标准。

实验室对废气进行预处理最常用的方法是吸收法。即根据被吸收气体组分的性质，选择合适的吸收剂（液）。例如，氯化氢气体可用氢氧化钠溶液吸收，二氧化硫、氧化氮等气体可用水吸收，氨气可用水或酸吸收，氟化物、氯化物、溴、酚等均可被氢氧化钠溶液吸收，硝基苯可被乙醇吸收等。除吸收法外，常用的预处理方法还有吸附法、氧化法、分解法等。

2. 废液处理

实验室废液的处理意义重大，因为排出的废液直接渗入地下，流入江河，直接污染水源、土壤和环境，危及人体健康，检验人员必须引起高度重视。

（1）废液处理依据。实验室的废液多数含有化学物质，其危害较大。因此，在废液排放之前，首先要了解废液的成分及浓度，再依据 GB 8978—1996《污水综合排放标准》中的第一类污染物的最高允许排放浓度（见表5-6）和第二类污染物的最高允许排放浓度（见表5-7）的规定，决定如何对废液进行处置。

表5-6　第一类污染物的最高允许排放浓度[①]　　　　　　　　单位：mg/L

污染物	最高允许排放浓度
总汞	0.05
烷基汞	不得检出
总镉	0.1
总铬	1.5
六价铬	0.5
总银	0.5
总砷	0.5
总铅	1.0
总镍	1.0
苯并(a)芘	0.00003
总铍	0.005
总 α 放射性	1Bq/L
总 β 放射性	10Bq/L

① 第一类污染物是指：对人体健康产生长远不良影响的污染物。

表5-7　第二类污染物的最高允许排放浓度[①]　　　　　　　　单位：mg/L

序号	污染物	适用范围	一级标准	二级标准	三级标准
1	PH	一切污染单位	6～9	6～9	6～9
2	色素（稀释倍数）	燃料工业	50	180	—
		其他污染单位	50	180	—
3	悬浮物（SS）	采矿、选矿、选煤工业	100	300	—
		脉金选矿	100	500	—
		边远地区砂金选矿	100	800	—
		城镇二级污水处理厂	20	30	—
		其他污染单位	70	200	400

续表

序号	污染物	适用范围	一级标准	二级标准	三级标准
4	五日生化需氧量（BOD$_5$）	甘蔗制糖、苎麻脱胶、湿法纤维板工业	30	100	600
		甜菜制糖、酒精、味精、皮革、化纤浆粕工业	30	100	600
		城镇二级污水处理厂	20	30	—
		其他污染单位	30	60	300
5	化学需氧量（COD）	甜菜制糖、湿法纤维板、染料、焦化、合成脂肪酸、洗毛、有机磷农药工业	100	200	1000
		酒精、味精、皮革、医药原料药、生物制药、苎麻脱胶、化纤浆粕工业	100	300	1000
		石油化工工业（包括石油炼制）	100	150	500
		城镇二级污水处理厂	60	120	—
		其他污染单位	100	150	500
6	石油类	一切排污单位	10	10	30
7	动植物油	一切污染单位	20	20	100
8	挥发酚	一切污染单位	0.5	0.5	2.0
9	总氰化物	电影洗片（铁氰化物）	0.5	5.0	5.0
		其他污染单位	0.5	0.5	1.0
10	硫化物	一切排污单位	1.0	1.0	2.0
11	氨氮	医药原料药、染料、石油化工工业	15	50	—
		其他排污单位	15	25	—
12	氟化物	黄磷工业	10	20	20
		低氟地区（水体含氟量<0.5mg/L）	10	20	30
		其他污染单位	10	10	20
13	磷酸盐（以P计）	一切污染单位	0.5	1.0	—
14	甲醛	一切污染单位	1.0	2.0	5.0
15	苯胺类	一切污染单位	1.0	2.0	5.0
16	硝基苯类	一切污染单位	2.0	3.0	5.0
17	阴离子表面活性剂（LAS）	合成洗涤剂工业	5.0	15	20
		其他污染单位	5.0	10	20
18	总铜	一切污染单位	0.5	1.0	2.0
19	总锌	一切污染单位	2.0	5.0	5.0
20	总锰	合成脂肪酸工业	2.0	5.0	5.0
		其他排污单位	2.0	2.0	5.0
21	彩色显影剂	电影洗片	2.0	2.0	5.0
22	显影剂及氧化物总量	电影洗片	2.0	3.0	5.0
23	元素磷	一切排污单位	0.1	0.3	0.3
24	有机磷农业	一切排污单位	不得检出	0.5	0.5

续表

序号	污染物	适用范围	一级标准	二级标准	三级标准
25	粪大肠菌群数	医院[②]、兽医院及医疗机构含病原体污水	500 个/L	1000 个/L	5000 个/L
		传染病、结核病医院污水	100 个/L	500 个/L	1000 个/L
26	总余氯	医院[②]、兽医院级医疗机构含病原体污水	<0.5[③]	>3（接触时间≥1h）	>2（接触时间≥1h）
		传染病、结核病医院污水	<0.5[③]	>6.5（接触时间≥1.5h）	>5（接触时间≥1.5h）

① 第二类污染物是指：对人体健康产生长远不良影响小于第一类的污染物质。
② 指 50 个床位以上的医院。
③ 加氯消毒后需进行脱氯处理，达到本标准。

（2）废液处理方法。实验室废液可以分别收集进行处理，下面介绍几种废液处理方法。

① 无机酸类。可将废酸缓慢地倒入过量的碱溶液中，边倒边搅拌，然后用大量水冲洗排放。

② 无机碱类。可采用稀废酸中和的方法，中和后再用大量水冲洗排放。

③ 含六价铬的废液。可采用先还原后沉淀的方法，在 pH < 3 条件下，向废液中加入固体亚硫酸钠至溶液由黄色变成绿色为止，再向此溶液中加入 5% 的 NaOH 溶液，调节 pH 至 7.5～8.5，使 Cr^{3+} 完全以 $Cr(OH)_3$ 形式存在，分离沉淀，上层液再用二苯基碳酰二肼试剂检查是否有铬，确证不含铬后才能排放。

④ 含砷废液。采用氢氧化物共沉淀法，在 pH 为 7～10 条件下，向废液中加入 $FeCl_3$，使其生成沉淀，放置过夜。分离沉淀，检查上层液不含砷后，废液再经中和即可排放。

⑤ 含锑、铋等离子的废液。采用硫化物沉淀法，调节废液酸度 $[H^+]$ 为 0.3mol/L，向废液中加入硫代乙酰胺至沉淀完全。检查上层液不含锑、铋后，废液经中和后可排放。

⑥ 含氰化物废液。采用分解法，在 pH > 10 条件下，加入过量的 3%$KMnO_4$ 溶液，使氰基分解为 N_2 和 CO_2；如 CN^- 含量高，可加入过量的次氯酸钙和氢氧化钠溶液。检查废液中不含氰离子后排放。

⑦ 含铅、镉的废液。采用氢氧化物共沉淀法，即向废液中加氢氧化钙使 pH 调至 8～10，再加入硫酸亚铁，充分搅拌后放置，此时 Pb^{2+} 和 Cd^{2+} 与 $Fe(OH)_3$ 共同生成沉淀，检查上层液中不含有 Pb^{2+} 和 Cd^{2+} 时，把废液中和后即可排放。

⑧ 含酚废液。高浓度的酚可用乙酸丁酯萃取，蒸馏回收；低浓度含酚废液可加入次氯酸钠使酚氧化为 CO_2 和 H_2O。

⑨ 混合废液。调节废液（不含氰化物）的 pH 为 3～4，加入铁粉，搅拌半小时，再用碱调节至 pH ≈ 9，继续搅拌，加入高分子絮凝剂，清液可排放，沉淀物按废渣处理。

⑩ 可燃性有机物的废液。用焚烧法处理。焚烧炉的设计要确保安全，保证充分燃烧，并设洗涤器，以除去燃烧后产生的有害气体如 SO_2、HCl、NO_2 等。不易燃烧的物质及低浓度的废液，用溶剂萃取法、吸附法及水解法进行处理。

⑪ 汞及含汞盐废液。不慎将汞散落或打破压力计、温度计，必须立即用吸管、毛刷将在酸性硝酸汞溶液中浸过的铜片收集起来，并用水覆盖。在散落过汞的地面、实验台上应撒上硫黄粉或喷上 20% $FeCl_3$ 水溶液，干后再清扫干净。含汞盐的废液可先调节 pH 至 8～10，加入过量的 Na_2S，再加入 $FeSO_4$ 搅拌，使 Hg^{2+} 与 Fe^{3+} 共同生成硫化物沉淀。检查上层液不含汞后排放，沉淀可用焙烧法回收汞，或再制成汞盐。

（三）废渣处理

废弃的有害固体药品或反应中得到的沉淀严禁倒在生活垃圾上，必须进行处理。废渣处理的方法是先解毒后深埋，首先根据废渣的性质，选择合适的化学方法或通过高温分解方式等，使废渣中的毒性减小到最低限度，然后将处理过的残渣挖坑深埋掉。

二、实验室的清洁卫生管理

实验室是进行科学实验的地方，不但要保证实验室的安全性而且还要务必使实验室保持清洁，为科学实验创造良好的环境，实验室卫生重在保持而不在打扫，实验人员在进入实验室后要遵守以下细则。

（1）实验室参加实验的所有人员，必须整洁、文明、肃静。

（2）进入实验室的所有人员必须遵守实验室的规章制度，严禁在实验室内吸烟，不得吃口香糖，不得随地吐痰和乱扔纸张。

（3）参加实验的人员在实验过程中，要注意保持室内卫生及良好的实验秩序。实验结束后，必须及时做好清洁整理工作。实验人员必须将操作台、仪器设备、器皿等清洁干净，并将仪器设备和器皿按规定归类放好，不能任意搬动和堆放。所有实验所产生的废物放入废物箱内并及时处理，清理好现场。

（4）在每次实验结束后，实验人员必须对实验室进行清扫。

（5）实验室成员进行日常的卫生清扫、仪器设备的维护保养工作。实验室成员有参加清扫及维护保养仪器设备的义务。

（6）实验室内各种设备、物品摆放要合理、整齐，与实验无关的物品禁止存放在实验室。

（7）实验室为保持工作环境的干净整洁，必须坚持"每天一小扫，每周一大扫"的卫生制度，每年彻底清扫1～2次。

（8）实验室内的仪器设备、各人的实验台架、凳等设施摆放整齐，并经常擦拭，保持无污渍、无灰尘。

（9）实验室内杂物要清理干净，有机溶剂、腐蚀性液体的废液必须盛于废液桶内，贴上标签，统一回收处理。

（10）保持室内地面无灰尘、无积水、无纸屑等垃圾。

（11）实验室整体布局须合理有序，地面、门窗等管道线路和开关板上无积灰与蛛网。

（12）实验结束必须搞好清洁卫生，关好门窗、水龙头，断开电源，清理场地。

【课后小测】

一、填空题

1. 实验室潜在的危险因素有＿＿＿＿、＿＿＿＿、＿＿＿＿、＿＿＿＿、＿＿＿＿、＿＿＿＿、＿＿＿＿。
2. 毒物侵入人体的途径有＿＿＿＿中毒、＿＿＿＿中毒和＿＿＿＿中毒3种。
3. 实验室的废弃物主要是指实验中产生的＿＿＿＿。
4. 实验室对废渣的处理方法是先＿＿＿＿后＿＿＿＿。
5. 化学灼伤是操作者的皮肤触及＿＿＿＿所致。

二、单项选择题

1. 如果实验出现火情，要立即（　　）。

A. 停止加热，移开可燃物，切断电源，用灭火器灭火

B. 打开实验室门，尽快疏散、撤离人员
C. 用干毛巾覆盖上火源，使火焰熄灭
D. 留在原地观察

2. 实验室电气设备所引起的火灾，应（　　）。
A. 用水灭火　　　　　　　　　　　　B. 用二氧化碳或干粉灭火器灭火
C. 用泡沫灭火器灭火　　　　　　　　D. 打开窗户

3. 身上着火后，下列灭火方法错误的是（　　）。
A. 就地打滚　　　　　　　　　　　　B. 用厚重衣物覆盖压灭火苗
C. 迎风快跑　　　　　　　　　　　　D. 用大量水冲或跳入水中

4. 使用灭火器扑救火灾时要对准火焰的（　　）喷射。
A. 上部　　　　　B. 中部　　　　　C. 根部　　　　　D. 中上部

5. 干粉灭火器适用于（　　）。
A. 电器起火　　　B. 可燃气体起火　　C. 有机溶剂起火　　D. 以上都是

6. 实验室常用于皮肤或普通实验器械的消毒液有（　　）。
A. 75% 乙醇　　　　　　　　　　　　B. 福尔马林（甲醛）
C. 来苏儿（甲酚）　　　　　　　　　D. 漂白粉（次氯酸钠）

7. 实验室安全检查的重点是（　　）。
A. 可燃性、可传染性、放射性物质、有毒物质的使用和存放
B. 污染和废弃物处置情况
C. 规章制度的建立和执行情况
D. 以上都是

8. 在使用设备时，如果发现设备工作异常，应该（　　）。
A. 停机并报告相关负责人员　　　　　B. 关机走人
C. 继续使用，注意观察　　　　　　　D. 停机自行维修

9. 有人触电时，使触电人员脱离电源的错误方法是（　　）。
A. 借助工具使触电者脱离电源　　　　B. 抓触电人的手
C. 抓触电人的干燥外衣　　　　　　　D. 切断电源

10. 为避免误食有毒的化学药品，以下说法正确的是（　　）。
A. 可把食物、食具带进实验室　　　　B. 在实验室内可吃口香糖
C. 使用化学药品后须洗净双手方能进食　D. 实验室内可以吸烟

三、判断题

1. 有机废物、浓酸或浓碱废液等倒入水槽，只要加大量的自来水将之冲稀即可。（　　）
2. 危险化学品用完后就可以将安全标签撕下。（　　）
3. 乙炔气钢瓶的规定涂色为白色，氯气钢瓶为黄色，氢气钢瓶为绿色。（　　）
4. 各实验室对所产生的化学废弃物必须要实行集中分类存放，贴好标签，然后送学校中转站，统一处置。（　　）
5. 遇到停电、停水等情况，实验室人员必须检查电源和水源是否关闭，避免重新来电、来水时发生相关安全事故。（　　）

四、简答题

1. 实验室灭火的措施和注意事项有哪些？
2. 灭火器维护的内容有哪些？

3. 什么是中毒？毒物侵入人体的途径有哪些？如何预防中毒？
4. 实验室废弃物排放的准则是什么？
5. 写出下列安全标志代表的意义。

（　）　　（　）　　（　）　　（　）

（　）　　（　）　　（　）　　（　）

（　）　　（　）　　（　）

项目六
实验室质量管理

 学习目标

知识目标：
1. 了解质量管理的相关术语和现代质量管理体系的内容；
2. 了解实验室在生产中的质量职能；
3. 掌握质量检验在质量管理中的作用。

能力目标：
1. 能制定相关质量管理标准和工作标准；
2. 能协调完成实验室在生产中的质量职能。

思政目标：
1. 树立全面质量管理意识；
2. 具备认真负责、坚持原则、实事求是、一丝不苟、严谨求实的科学作风和职业态度。

 案例引入

2022年1月，上海市市场监督管理局抽检信息显示，某食品有限公司生产的咸蔬菜沙拉蛋糕不合格项目为过氧化值（以脂肪计）。检验结果为0.48g/100g，标准值则为≤0.25g/100g。

过氧化值主要反映食品中油脂是否氧化变质，随着油脂氧化，过氧化值会逐步升高。过氧化值超标的原因可能是产品用油已经变质，或者产品在储存过程中环境条件控制不当，导致油脂酸败；也可能是原料中的脂肪已经氧化，原料储存不当，未采取有效的抗氧化措施，使得最终产品油脂氧化。过氧化值一般不会对人体的健康产生损害，但严重时会导致肠胃不适、腹泻等症状。

任务一　实验室质量管理体系

一、质量和质量管理术语

质量（quality）：客体的一组固有特性满足要求的程度。
特性（characteristic）：可区分的特征。
要求（requirement）：明示的、通常隐含的或必须履行的需求或期望。

质量方针（quality policy）：由组织的最高管理者正式发布的该组织总的质量宗旨和方向。

组织（organization）：职责、职权和相互关系得到安排的一组人员及设施。

组织机构（organizational structure）：人员的职责、权限和相互关系的安排。

质量管理（quality management）：在质量方面指挥和控制组织的协调的活动。

体系（system）：相互关联或相互作用的一组要素。

质量管理体系（quality management system）：在质量方面指挥和控制组织的管理体系。

质量策划（quality planning）：质量管理的一部分，致力于制定质量目标并确定必要的运行过程和相关资源以实现质量目标。

质量控制（quality control）：质量管理的一部分，致力于满足质量要求。

质量保证（quality assurance）：质量管理的一部分，致力于提供质量要求会得到满足的信任。

质量改进（quality improvement）：质量管理的一部分，致力于增强满足质量要求的能力。

持续改进（continual improvement）：增强满足要求的能力的循环活动。

质量计划（quality plan）：对特定的项目、产品、过程或合同，规定由谁及何时应使用哪些程序和相关资源的文件。

过程（process）：一组将输入转化为输出的相互关联或相互作用的活动。

产品（product）：过程的结果。

质量特性（quality characteristic）：产品、过程或体系与要求有关的固有特性。

质量手册（quality manual）：规定组织质量管理体系的文件。

信息（information）：有意义的数据。

检验（inspection）：对符合规定要求的确定。

试验（test）：按照程序确定一个或多个特性。

验证（verification）：通过提供客观证据对规定要求已得到满足的认定。

审核（audit）：为获得审核证据并对其进行客观的评价，以确定满足审核准则（用作依据的一组方针、程序或要求）的程度所进行的系统的、独立的并形成文件的过程。

二、产品质量与工作质量

1. 产品质量

产品可以分为两大类，即有具体实物产物的有形产品［包括硬件（如发动机机械零件）、流程性材料（如润滑油）］和没有具体实物产物的无形产品［包括服务（如运输）、软件（如计算机程序、字典）］。前者又常被称为"货物"。

现实生活中，人们所接收的商品往往是由不同类别的产品构成的。如在购买仪器设备时，除了获得仪器本身外，还同时获得该仪器设备的使用方法和维修保养承诺等。

产品质量通常以质量特性来表达，包括各种固有的或赋予的、定性的或定量的、各种类别的特性，具体表现为各种物理的（如机械的、电的、化学的或生物的特性）、感官的（如嗅觉、触觉、味觉、视觉、听觉）、行为的（如礼貌、诚实、正直）、时间的（如准时性、可靠性、可用性）、人体工效的（如生理的特性或有助于人身安全的特性）、功能的（如飞机的最高速度）特性。在日常工作和日常生活中人们又往往把产品的质量特性归为如下 8 个方面。

① 性能。产品为满足使用目的所具备的技术特性。

② 安全性。产品在制造、储存和使用过程中，保证人员与环境免遭危害的程度。
③ 使用寿命。产品能够正常使用的期限。
④ 可靠性。产品在规定的条件下和规定的时间内，完成规定功能的能力。
⑤ 维修性。产品寿命周期内的故障能方便地修复。
⑥ 经济性。产品从设计、制造到整个使用寿命周期的成本大小。
⑦ 节能性。产品在制造到使用过程中的能量消耗。
⑧ 环保性。产品从制造、使用到失效并成为废物及其最后处置对环境的损害程度。

在具体管理上，往往是把产品的质量特性（或"代用"质量特性）用技术指标加以量化，以衡量产品的优劣。各种检验室对产品进行的质量检验，基本依据也是这些技术指标。

2. 工作质量

产品（或服务）是人们劳动的结果，因此产品（或服务）质量的优劣与从事该项生产（或服务）工作的人的工作好坏有密切关系。

人们经常以工作质量来评价人的工作的好坏。由于所有的人都是围绕着产品的生产（或服务）而工作，因而可以把它视为与产品（或服务）质量有关的工作对产品（或服务）质量的保证程度。

具体的人，其工作质量又与其个人的素质密切相关，换言之，企业的产品（或服务）的质量受制于企业各部门成员的素质，更具关键意义的是起主导作用的企业领导层的素质。

直接从事生产的部门和人员，工作质量通常以产品合格率、废品率、返修率及优质品率等技术指标进行衡量。

非直接从事生产的部门及人员，则以其在产品从设计、试验开始到售后服务的全过程中，旨在使产品具有一定的质量特征而进行的全部活动，即质量职能的执行程度为考核。

一般地说，部门的质量职能完成程度是部门人员工作质量的综合反映。

按照现代的质量观点，产品（或服务）质量是组织（企业）各部门及人员工作质量的反映。因此，只有抓好各个部门、各个相关环节的人员工作质量，产品（或服务）的质量才能够得到保证。或者说，只有部门和人员的工作质量有了提高，产品（或服务）的质量才可能得到提高。现代质量观是把对产品（或服务）质量的管理重点转移到产品（或服务）的质量形成过程之中，甚至提前到策划、设计阶段，实施"预防"的管理，从而使产品（或服务）质量产生飞跃。

三、现代质量管理体系

随着现代科学技术的飞速发展，生产和贸易都已跨越了国界，形成了经济全球化的格局。世界各国之间在加强技术和信息交流的同时，也对产品质量不断提出更新、更高的要求。人们为了能持续稳定地获得高质量的产品，不仅更注重产品的自身质量，而且越来越关注产品生产组织的质量管理。

质量管理在现代社会中的地位和作用，随着现代社会生产力和国际贸易的发展而日益重要，世界各国对质量管理理论的探索也日益深化。在管理学领域中，"质量管理"已成为一枝独秀、方兴未艾的一门软科学。

（一）质量管理的发展

"质量管理"作为20世纪的一门新兴科学，从现实需要到理论提高再到实践运用，其发展历程大体上经历了质量检验、统计质量控制、全面质量管理3个阶段。

1. 质量检验阶段（1920—1940 年）

在这段时期内，世界各国尤其是经济发展活跃的一些国家，随着工业化的到来，普遍建立了产品质量检验制度，也形成了一支专门从事检验工作的人员队伍，在产品加工过程中和出厂交付前进行质量检验把关。当时的专职检验工作主要是按照各企业或行业编制的文件规定要求，采取有效的检验方法，对产品进行检验和试验，从而做出合格或不合格的判定。这对保证产品质量，维护工厂信誉起了不少作用，但是，这些专职检验工作只是使产品的废品、次品没有流向社会，却给工厂造成了损失。所以，在这段时期的发展过程中，人们渴望有一种方法可以科学预防不合格产品的形成，以减少经济损失。因此，质量管理就从质量检验阶段逐步发展到统计质量控制阶段。

2. 统计质量控制阶段（1940—1960 年）

世界各国之所以把统计质量控制阶段的时期划分在 1940—1960 年，是因为在这一时期中，世界各国广泛运用了统计质量控制的主要方法之一——"数理统计"。

早在 1931 年，美国的休哈特、戴明等人已提供出了抽样检验的概念，他们首先把数理统计方法引入了质量管理领域。第二次世界大战期间，军事工业得到了迅猛发展，各参战国均认识到武器质量对于战争胜败而言是至关重要的，因而把更多的精力投入到了对武器生产厂商质量管理的研究上。美国国防部组织了统计质量控制的专门研究，

明确规定了各种抽样检验的方案，对生产过程中的质量进行控制。控制图也可称为管理图，是统计过程控制（SPC）的重要工具之一，其最大的好处是能及时发现过程中的异常现象和缓慢变异等系统误差，预防不合格产品的出现。这些统计质量控制主要是运用数理统计方法，根据生产过程中质量波动的规律性，及时采取措施，消除产生波动的异常因素，使整个生产过程处于正常的受控状态下，从而以较低的质量成本生产出较高质量的产品。美国国防工业运用统计质量控制的成功经验，不仅使其本身获利，并且带动了各国的民用工业而风靡全球。因此，质量管理就从统计质量控制阶段逐步向全面质量管理阶段发展。

3. 全面质量管理阶段（1960 年至今）

如果说在质量检验阶段，专职检验员的数据为杜绝废品、次品出厂起了重要作用的话，那么，在统计质量控制阶段，数理统计方法的运用可使整个生产过程处于受控状态之下，从而对减少成批废品、次品的产生起到了一定的预防作用。

但是，随着现代科学技术日新月异的发展，数以亿万计的高科技新产品相继问世，许多投资金额可观、规模特大、涉及人身安全的产品和项目纷纷在 20 世纪下半叶登场亮相，从而促使人们对质量管理概念的不断更新和更持续的发展。随着现代化系统工程科学地应用于管理领域，同时也赋予了质量更新、更深刻的内涵，质量管理活动也从单纯重视生产现场的加工过程向产品形成的前后、采购、销售、服务等全过程延伸；人类工效学的问世，也使人们对质量管理中全员参与、人员素质的重要作用有了更现代化的观念更新。以上各种关于质量管理概念和观念的更新，使得质量管理的发展从 20 世纪 60 年代起进入了第三个阶段——全面质量管理阶段。在全面质量管理过程中，现在应用最广泛的是 ISO 9000 标准。

（二）2015 版 ISO 9000 族标准

1. 2015 版 ISO 9000 族标准的构成

ISO 是"国际标准化组织"的简称，ISO 9000 族标准是指由 ISO 发布的有关质量管理的一系列国际标准、技术规范、技术报告、手册和网络文件的统称。

2015版ISO 9000族标准的文件主要由"4个核心标准、1个相关标准、6个技术报告和2个小册子"等构成，见表6-1。

表6-1 2015版ISO 9000族标准文件结构

核心标准	相关标准	技术报告	小册子
ISO 9000	ISO 10012	ISO/TR 10006	质量管理原理选择和使用指南
ISO 9001		ISO/TR 10007	ISO 9001在小型企业中的应用指南
ISO 9004		ISO/TR 10013	
ISO 19011		ISO/TR 10014	
		ISO/TR 10015	
		ISO/TR 10017	

ISO 9000：2015版标准相对于2008版，结构上由原来的8个章节变更为10个章节；内容上删减了质量手册、管理者代表和预防措施等，增加了组织的环境、风险管理、最高管理者的责任、绩效评估与变更管理和应急措施等。

整体上2015版标准强调了组织的环境，扩大了对利益相关方的关注，加强了领导作用，提出了对风险和机会的应对要求，淡化了对文件的指定性要求。

2. 2015版标准主要内容简介

（1）ISO 9000：2015版标准《质量管理体系 基础和术语》。该标准阐述了质量管理体系的理论基础和指导思想，确定和统一了术语概念，明确标准中基本概念和原则的适用范围，简述了7项质量管理原则，规定了质量管理体系的138个术语，并强调本标准给出的术语和定义适用于所有ISO/TC176起草的质量管理和质量管理体系标准。

（2）ISO 9001：2015版标准《质量管理体系 要求》。标准分"引言"和"范围""规范性引用文件""术语和定义""组织环境""领导作用""策划""支持""运行""绩效评价""持续改进"十章。

标准强调了组织的环境，提出了对风险和机会的应对要求，加强了领导作用，扩大了对利益相关方的关注，淡化了对文件的指导性要求，标准规定的要求旨在为组织的产品和服务提供信任，从而增强顾客满意度，更加关注运作活动的结果。

（3）ISO 9004：2009版标准《追求组织的持续成功 质量管理方法》。标准包括"范围""规范性引用文件""术语和定义""组织持续成功的管理""战略和方针""资源管理""过程管理""监视、测量、分析和评审""改进、创新和学习"九章。标准遵循PDCA（戴明环）的思路，系统、明确地描述了组织生产经营管理的全部内容并提出了要达到"持续成功"的指南。

（4）ISO 19011：2018版标准《管理体系 审核指南》。标准对管理体系审核提供了指南，包括审核的原则、审核方案的管理和管理体系审核的实施，以及对参与管理体系审核过程的人员的能力提供了评价指南。

（三）现代质量管理体系

1. 总要求

组织应按该国际标准的要求建立质量管理体系，形成文件，加以实施和保持，并持续改进其有效性。

① 识别质量管理体系所需的过程及其在组织中的应用；
② 确定这些过程的顺序和相互作用；
③ 确定为确保这些过程有效运作和控制所要求的准则和方法；
④ 确保可获得必要的资源和信息，以支持这些过程的有效运作和监视；
⑤ 监视、测量和分析这些过程；
⑥ 实施必要的措施，以实现对这些过程所策划的结果和对这些过程的持续改进。
组织应按照该国际标准的要求管理这些过程。

质量管理体系就是在质量方面指挥和控制组织的管理体系，它通过一组相互关联或相互作用的要素的应用，达到建立质量方针和质量目标，并实现质量目标的目的。因此，组织在按照标准的要求建立管理体系时，应综合考虑影响管理、技术、资源、过程、供方等的因素，使之达到最佳的组成，构成协调一致的整体，最终达到不断满足顾客要求、持续改进质量管理体系的有效性、实现质量目标的目的。

2. 建立和实施质量管理体系

一般包括如下过程：
① 对现行状态的分析和管理方法的策划；
② 过程的运作；
③ 持续改进过程的建立。

3. 质量管理体系的特征

质量管理体系是动态的，随着组织内部和外部环境的变化，特别是顾客需求和期望的变化，应对现行的管理方法不断进行调整。因此，组织应及时收集、分析、评审变更的需求，需要时按照建立和实施质量管理体系的步骤对现行过程进行重组。

4. 质量管理体系的基本工作方法

标准对质量管理体系的总要求体现了PDCA循环（即策划—实施—检查—行动）的基本工作方法，PDCA的方法可用于识别和控制所有过程的有效性，例如利用PDCA循环对质量目标的控制。

P——策划。根据组织的现状、需要管理的重点和薄弱环节等因素以及质量方针的要求，在相关职能和层次上建立质量目标。确定对实现质量目标有影响的过程，建立过程的运作方式和要求。

D——实施。实施并运作过程。

C——检查。对质量目标的实现状况进行监视和测量并报告结果。

A——行动。发现偏差时采取必要措施，以持续改进对质量目标有影响过程的业绩。

任务二　实验室质量管理

实验室是企业的专职质量检验机构，一方面对企业产品的生产进行质量检验，为企业的生产服务；另一方面产品质量检验是具有法律意义的技术工作，客观上发挥了代表用户对企业生产的监督和对企业产品检查验收的作用。实验室在企业质量管理工作中是一个独立的工作机构，直属企业负责人领导。

由于产品质量检验工作的意义，无论是传统的质量管理还是当今社会流行的现代质量管理，实验室在企业质量管理工作中都有举足轻重的重要地位。

一、实验室在生产中的质量职能

① 认真贯彻国家关于产品（或服务）质量的法律、法规和政策，制定和健全本企业有关质量管理、质量检验的工作制度。

② 确立质量第一和为用户服务的思想，充分发挥质量检验对产品质量的保证、预防和报告职能，以保证进入市场的产品符合质量标准，满足用户需要。

③ 参与新产品开发过程的审查和鉴定工作。

④ 严格执行产品技术标准、合同和有关技术文件，负责对产品生产的原材料进货验收、工序和成品检验，并按规定签发检验报告。

⑤ 发现生产过程中出现或将要出现大量废品，而尚无技术组织措施的时候，应立即报告企业负责人，并通知质量管理部门。

⑥ 指导、检查生产过程的自检、互检工作，并监督其实施。

对违反工艺规程的现象和忽视产品质量的倾向，有权提出批评、制止并要求迅速改正，不听规劝者有权拒检其产品，并通知其领导和有关管理部门。

⑦ 认真做好质量检验原始记录和分析工作并按日、周、旬、月、季、年编写质量动态报告，向企业负责人和有关管理部门反馈，异常信息应随时报告。

⑧ 参与对各类质量事故的调查工作，追查原因，按"三不放过"原则组织事故分析，提出处理意见和限期改进要求。遇有重大质量事故，应立即报告企业负责人及上级有关机构。

⑨ 对企业负责人做出的有关产品质量的决定有不同意见的，有权保留意见，并报告上级主管部门。

⑩ 负责发放、管理企业使用的计量器具，做好量值传递工作。对生产中使用的工具、仪表、计量器具等，按计量管理规范定期进行检验（或送检），以保证其计量性能及生产原始基准的精确性。对未按期送检定的仪器、仪表、计量装置，有权停止使用。

⑪ 加强自身建设，不断提高检验人员的思想素质、技术素质和工作质量，确保专职检验人员的质量管理前卫作用。

⑫ 加强质量档案管理，确保质量信息的可追溯性。

⑬ 积极研究和推广先进的质量检验和质量控制方法，加速质量管理和检验现代化。

⑭ 积极配合有关部门做好售后服务工作，努力收集用户信息并及时反馈。

⑮ 制定、统计并考核各个生产车间、部门的质量指标，并做出评价。某工厂质量信息反馈系统见图6-1。

二、质量检验在质量管理中的作用

1. 质量检验

质量检验是运用一定的方法，测定产品的技术特性，并与规定的要求进行比较，做出判断的过程。

质量检验是实验室的核心工作，也是完成实验室部门职责的基础。通常由如下要素构成。

① 定标。明确技术指标，制定检验方法。

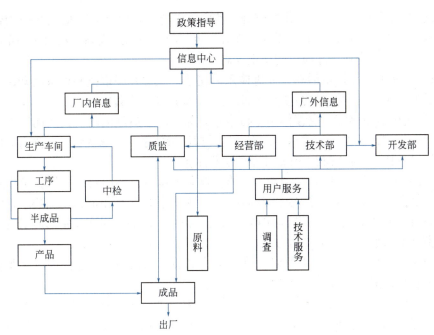

图 6-1　某工厂质量信息反馈系统

②抽样。随机抽取样品，使样品对总体具有充分的代表性。如需要进行全数检验者，则不存在抽样问题。

③测量。对产品的质量特征和特性进行"定量"的测量。

④比较。将测量结果与质量标准进行比较。

⑤判定。根据比较结果，对产品进行合格性判定。

⑥处理。对不合格产品做出处理，包括进行"适用性"判定。

⑦记录。记录数据，以反馈信息、评价产品和改进工作。

2. 质量检验的职能

（1）保证职能。通过检验，保证凡是不符合质量标准而又为经济适用性判定的不合格品不会流入下道工序或者市场，严格把关，保证质量，维护企业信誉。

（2）预防职能。通过检验，测定工序能力以及对工序状态异常变化进行监测，获得必要的信息，为质量控制提供依据，以及时采取措施，预防或减少不合格产品的产生。

（3）报告职能。通过对监测数据的记录和分析，评价产品质量和生产控制过程的实际水平，及时向企业负责人、有关管理部门或上级质量监管机构报告，为提高职工质量意识、改进设计、改进生产工艺、加强管理和提高质量提供必要的信息。

在传统的质量管理中，检验部门实际上只行使了其"保证职能"。而现代质量管理要求充分发挥质量检验的"三职能"的作用。

三、实验室质量体系的运作

①依据 CNAS RL01：2019《实验室认可规则》，不断增强建立良好实验室的信心和机制。

②建立监督机制，保证工作质量。实验室质量体系建立的目的是明确的。但是，体系的运行如果缺乏必要的监督，则其效果和效率将难以保证。

③ 通过对实验室质量体系工作的监督，使实验室的日常检验工作处于严密的控制之下，实验室的检验数据和其他信息的可靠性、准确性也就能够不断地提高，从而达到正确指导生产控制的目的，促进企业产品质量的稳定提高。

④ 认真开展审核和评审活动，促进体系的完善。经常开展审核和评审活动，可以使人们发现自己的不足，发现组织的差距，同时也产生促进体系完善的动力。

⑤ 加强纠正措施落实，改善体系运行水平。加强纠正措施的落实，从而使人们及时地从错误中吸取教训，获得经验的积累，充分地发挥质量体系的特殊优势——强有力的监督机制和运行记录的作用，将有利于改善体系的运行水平。

⑥ 努力采用新技术，提高检测能力。质量体系的运行，不但对质量检验工作质量的提高是强有力的促进，而且随着社会生产的发展，对质量检验工作不断提出新要求，实验室必须不断提高自己的技术能力，不断地吸收、采用新技术。因而，对实验室的质量管理，也是推动实验室技术水平提高的重要动力。

⑦ 加强质量考核，促进质量职能落实。只有高质量的检验，才能保证对企业生产进行有效的质量监督，实现实验室的质量职能。

为此，必须对实验室人员实行经常性的质量考核，通过考核发现和查明各种不良影响因素，并加以克服和消除，促进工作人员工作质量的提高，从而实现检验工作的高质量，使实验室的质量职能得到真正的落实。

【课后小测】

一、填空题

1. 实验室质量检验的 3 个职能是_____、_____、_____。
2. 实验室检验工作的一般过程为_____、_____、_____、_____、_____、_____。
3. PDCA 的工作方法中，P 指_____，D 指_____，C 指_____，A 指_____。

二、单项选择题

1. 国际标准化组织的代号是（　　）。
   A. SOS　　　　　　B. IEC　　　　　　C. ISO　　　　　　D. WTO
2. 实验室对质量体系运行全面负责的人是（　　）。
   A. 首席执行者　　　B. 质量负责人　　　C. 技术负责人　　　D. 质量检验员
3. ISO 9000 系列标准与下面（　　）无关。
   A. 质量管理　　　　B. 质量保证　　　　C. 产品质量　　　　D. 质量保证审核

三、判断题

1. 只有质量手册、程序文件、作业指导书才是应受控的文件。（　　）
2. 管理体系应覆盖实验室在固定设施内进行的工作，不需要覆盖在临时的或可移动的设施中进行的工作。（　　）
3. 为防止出现质量问题应经常调整质量体系。（　　）

四、简答题

1. 工作质量与产品质量有哪些关系？
2. 质量检验对产品生产有什么意义？

项目七
实验室认证认可

学习目标

知识目标：
1. 了解实验室认证认可的意义和作用；
2. 掌握实验室认证认可的基本条件和基本程序；
3. 掌握实验室认可现场评审的准备与实施。

能力目标：
1. 根据实验室认证认可的相关要求，能够制定实验室认可的实施计划；
2. 根据实验室认证认可的流程，能够准备现场评审材料。

思政目标：
1. 具有敬业爱岗的职业道德和互助合作的团队精神；
2. 具有观察问题、分析问题、解决问题的能力。

案例引入

CNAS（中国合格评定国家认可委员会）秘书处2015年8月对广东某实验室进行专项监督评审时发现，实验室已获认可的能力中，有食品、化妆品、香精香料、口腔清洁护理类19项参数的检验标准过期，标准涉及技术能力变化，实验室进行了内部标准变更审批，但未及时向CNAS申请变更，并且依据未获认可的新版标准出具了2300份检验报告，报告使用了带有CNAS标识的封皮，因此给予其暂停认可资格的处理。该实验室应该如何进行整改？

任务一　实验室认证认可准备

一、实验室认可的意义

"认可"是指认可机构按照相关国际标准或国家标准，对从事认证、检测和检验等活动的合格评定机构实施评审，证实其满足相关标准要求，进一步证明其具有从事认证、检测和检验等活动的技术能力和管理能力的"第三方证明"的一类"评价"活动。

实验室认可活动发生于20世纪40年代，以后逐步地扩散发展，并在70年代中期产生了第一个地区性的认可机构。至20世纪末，诞生了世界性的国际实验室认可组织——"国际实验室认可合作组织"(ILAC)。

实验室认可是世界科学技术和市场经济不断发展的结果。在世界经济全球化发展的今天,人们对产(商)品质量的要求越来越高。对产(商)品质量检测的期望也越来越高,这就促进了实验室事业的大发展,对实验室工作质量的评估和认可活动也因此得以迅速发展,并且逐步地走向国际化。

由于历史因素的影响,中国的实验室事业在很多方面还落后于世界先进国家。目前,中国已成立国家实验室认可委员会,并按照世界同样水平要求对中国实验室开展认可活动,努力把中国的实验室事业推进到世界同等水平。

产品质量认证也对实验室提出了新的要求,因此,实验室获得认可等于向产品获得认证走近了一步,也是促使企业迈进一步走向世界。"实验室认可"也是市场经济发展的要求。

二、实验室认证认可的作用

1. 表明实验室具备的能力

通过认证认可的实验室表明了该实验室具备可按相应认可准则开展检测和校准服务的技术能力。在我国,通过资质认定的检验检测机构出具的报告在国内具有法律效力。

在执法检测、仲裁检验、产品认证中需要大量具备第三方公正地位的实验室从事产品检测工作,实验室检测在产品认证过程中扮演了十分重要的角色。因此,实验室的资格和技术能力的评价显得尤为重要,它表明实验室的资格和能力符合规定的要求,可满足检测任务的需要。

2. 提升实验室信誉和知名度

通过认证认可的实验室可在相应的能力范围内使用相应标志。如 CMA 资质认定标志、CNAS 国家实验室认可标志(见图 7-1)和 ILAC 国际互认联合标志,提高报告的信誉。

通过认证认可的实验室可列入获准认证认可机构名录,提高知名度,增强市场竞争能力,赢得政府部门、社会各界的信任。

3. 获得签署互认协议国家和地区认可机构的承认

在市场经济和国际贸易中,买卖双方十分需要检测数据来判定合同中的质量要求。各国通过签署双边或多边互认协议,促进检测结果的国际互认,避免重复性检测,降

图 7-1 中国实验室国家认可标志

低成本,简化程序,促进国际贸易的有序发展。通过 CNAS 认可的实验室,同时也获得国际实验室认可合作组织(ILAC)的认可,为实现产品"一次检测、全球承认"的目标奠定了基础,同时,也有机会参与国际合格评定机构认可双边、多边合作交流。

三、资质认定和实验室认可的区别与联系

1. 性质不同

实验室认可是自愿性的,是市场行为,属于社会公信范畴。

资质认定是强制性的。凡是对社会出具公证数据的实验室都必须申请并通过资质认定。资质认定是政府行为,属于行政审批的范畴。

2. 实施主体不同

实验室认可是由 CNAS 组织和运作。

资质认定分两级实施：国家级资质认定由国家市场监督管理总局实施，地方级由省（包括直辖市、自治区）质量技术监督局实施。

3. 依据标准不同

实验室认可依据 GB/T 27025—2019《检测和校准实验室能力的通用要求》，CNAS 将其等同采用为 CNAS-CL01《检测和校准实验室能力认可准则》，其内容的主体部分共 25 个要素，108 条。

资质认定依据《检验检测机构资质认定评审准则》，是结合了 ISO/IEC 17025 和中国国情而制定。其内容的主体部分共 19 个要素、5 个要求和一个特殊要求，共 65 条 69 款。

4. 结果与作用不同

实验室认可后，实验室可以在其检测报告上加盖 CNAS 标志，表明其检测数据和结果是可信的，实验室之间应该互认。如果再与 CNAS 签订了国际互认协议，还可以加盖 MRA 标志，则国际实验室间也应该互认。

资质认定后，实验室可以在其检测报告上加盖 CMA 或 CAL 标志，同样表明其检测数据和结果是可信的，政府或授权机构可以引用这些数据和结果对产品或工程质量进行监督、评价、发放许可证等，然而只在中华人民共和国境内有效，不具有国际互认的效力。

5. 申请条件不同

实验室认可可由第一方、第二方、第三方自愿申请。

资质认定必须是依法设立，保证客观、公正和独立地从事检测、校准和检查活动，并承担相应的法律责任的法人单位或授权单位申请。第一方（政府机构及下属单位）可申请，第三方实验室可申请，申请时营业执照、事业单位法人证书或其他法人证明文件的经营范围中应包含检验、检测业务。

6. 需要申请的情况

实验室认可的申请单位是：承担进出口商品检验、出入境人员检疫、出入境动植物检疫任务的实验室；有国际合作事务的实验室；在国外承揽工程建设项目的公司的实验室；国家、行业或部门权威实验室。申请实验室认可的目的是以达到与国际接轨为目的。

资质认定的申请单位：产品或工程质量检验机构；为社会提供公证数据的独立实验室；承担第三方检测任务的实验室。

以上这些实验室必须申请并通过资质认定，取得合法检测实验室的地位。如只为本单位服务，不对外提供数据和结果的企事业单位内部的实验室，以及单纯科研或教学性质的实验室，两者可不需要申请。

四、实验室认可的基本条件

一个实验室希望获得实验室认可，必须达到符合《实验室认可规则》CNAS-RL01：2019 文件规定的要求，并按《实验室认可指南》CNAS-GL001：2018 的规定，办理"认可申报"，提交足够的认可申报资料，然后由 CNAS 机构进行审查考核，当申报认可的实验室达到规定要求的时候，便可以获得认可。

申报认可的实验室，除了必须具备一般实验室必备的硬件以外，更重要的是必须实行实验室的质量管理，也就是说必须建有实验室质量体系并投入运行，使实验室水平和实验室工作质量得到不断的提高。

事实上，实验室质量体系的建设对实验室总体水平的提高具有很大的促进作用，是实验室认可的重要基础工作。

五、实验室认可的基本程序

（一）申请

中国的"实验室认可"，除了在计量校准和法定检验机构的实验室实现强制性的认可以外，一般的实验室目前还是采取自愿申报认可的方式，由自愿申报的实验室向 CNAS 机构提交《实验室认可申请书》以及相关资料提出申请。

（二）现场评审

1. 评审准备

CNAS 机构在接收实验室的申请书后，首先对认可申请的实验室申请资料的完整性、规范性进行初审，确认申报实验室的申请准备工作基本符合要求后，再对现场评审正式立项，登记建立档案，选配评审员，组织制定现场评审计划和开始现场评审准备工作。

申报"认可"的实验室在提交申请书后，应该根据 CNAS 机构的要求提交必需的补充资料，并配合 CNAS 机构做好各种现场评审活动的准备工作，为现场评审提供方便。

为了使评审申请尽快获得通过，申报认可的实验室应在申报以前，事先认真学习《实验室认可规则》CNAS-RL01：2019，深入领会《实验室认可规则》和《实验室认可指南》的核心精神，并做好申报的咨询，尽量做到一次就提交足够的认可申报资料，以便 CNAS 机构充分进行现场评审准备，加快评审进度，有利于评审工作的进行。

2. 现场评审

CNAS 对申报实验室的现场评审，包括以下内容：

（1）首次会议。明确现场评审的目的、范围及依据，评审的工作计划、程序、方法、时间安排以及联系方法等，并在现场进行必要的答辩，澄清某些不够明确的问题，以便对认可申请的实验室有进一步的了解。

（2）现场参观与评审。根据评审工作计划进行现场的参观、检验评审工作。

（3）现场试验与评价。根据评审工作的需要进行现场的测试/校准工作质量检查，对申报的实验室的实际工作能力和质量保证能力做出鉴定，以确定实验室的实际水平并给予恰当的评价。

（三）批准认可

经过实际的认可审查的考核，对于达到认可条件的实验室，由 CNAS 机构把相关资料连同评审报告上报 CNAS 评定工作组，由工作组予以评定。如无异议，再报请国家质量技术监督局颁发批文和认可证书。

（四）监督和复评审

凡获得 CNAS 认可的实验室，在认可程序完成以后，必须接受 CNAS 的监督和复评审，以确保认可的有效性。

对于违反《实验室认可规则》CNAS-RL01：2019的行为，或者实验室的实际水平有所下降，或发生其他实际情况，适时地对实验室的认可资格提出变更或取消意见，并上报审批和执行。

（五）能力验证

能力验证是对实验室进行现场评审的考核内容之一，旨在检查实验室以及具体工作人员的实际工作能力和质量保证能力，以便对实验室的总体实际水平做出评价。在进行能力验证的时候，申请认可的实验室必须给予充分的合作，以利于验证工作的顺利进行。

能力验证是认可评定的重要工作，在评审和复评审工作过程中都具有重要意义，不可忽视。

实验室认可工作流程图见图7-2。

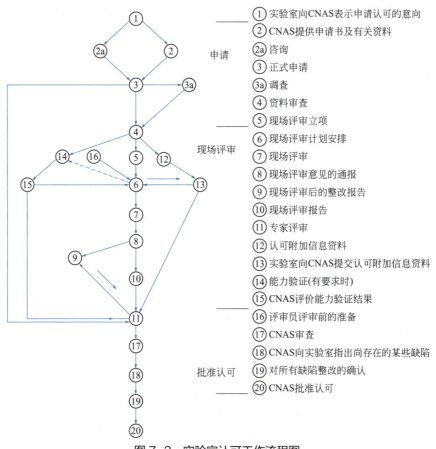

图7-2 实验室认可工作流程图

任务二　实验室认证认可现场评审

一、现场评审的类型

现场评审的类型包括首次评审、变更评审、复查评审、扩项评审和其他评审。

1. 首次评审

对未获得资质认定或实验室认可的检验检测机构，在其建立和运行管理体系后提出申请，资质认定部门或实验室认可对其是否满足资质认定条件进行现场确认的评审。

2. 变更评审

对已获得资质认定或实验室认可的实验室，其组织机构、工作场所、关键人员、技术能力、管理体系等发生变化，资质认定或实验室认可部门对其是否满足资质认定或实验室认可条件进行现场确认的评审。

3. 复查评审

对已获得资质认定或实验室认可的实验室，在证书有效期届满前申请办理证书延续，资质认定或实验室认可部门对其资质是否持续满足资质认定或实验室认可条件进行现场确认的评审。

4. 扩项评审

对已获得资质认定或实验室认可的实验室，对于新开展的检测项目，待其检验条件具备后，向原发证机构提出申请后所进行的评审。

5. 其他评审

对已获得资质认定或实验室认可的检验检测机构，因资质认定或实验室认可部门监管、处理申诉投诉等需要，对检验检测机构是否满足资质认定或实验室认可条件进行现场确认的评审，常见的有定期监督评审、迁址评审等。

二、现场评审的准备

1. 确定实施部门

资质认定或实验室认可部门受理申请材料后，可自行组织实施评审，或委托专业技术评价组织实施评审。委托专业技术评价组织实施评审时，实验室应将《申请书》《质量手册》《程序文件》相关说明以及评审工作用表转交专业技术评价组织。

2. 组建评审组

资质认定或实验室认可部门或其委托的专业技术评价组织，应根据被评审实验室的申请资质认定或实验室认可的检验检测项目和专业类别，按照专业覆盖、就近就便的原则组建评审组。评审组由1名组长、1名以上评审员或技术专家组成。评审组成员应在组长的领导下，按照资质认定或实验室认可部门组织下达的评审任务，独立开展资质认定或实验室认可评审活动，并对评审结论负责。

其中评审组长需代表评审组与被评审实验室沟通、协调、控制现场评审过程等工作。评审员和技术专家应按照评审组的分工，做好评审前的信息收集，负责管理要素的评审员应协助评审组组长做好前期文件审查工作，负责技术要素的评审员应协助评审组组长确定现场试验考核项目，负责评审报告中相关记录的填写。

3. 材料审查

评审组长应在评审员或者技术专家的配合下对实验室提交的申请材料进行审查。通过审查提交的申请书，对实验室的工作类型、能力范围、检验检测资源配置以及管理体系运作所覆盖的范围进行了解，并依据评审准则及相应的技术标准，对申请人的《质量手册》《程序文件》等进行文件符合性审查,对管理体系的运行予以初步评价。

评审组长应当在收到申请材料规定的工作日内完成材料审查,并将审查意见反馈资质认定或实验室认可部门的专业技术评价组织,当材料不符合要求时,由资质认定或实验室认可部门通知申请机构更改。

4. 下发评审通知

材料审查合格后,资质认定或实验室认可部门或其委托的专业技术评价组织向被评审的实验室下发《现场评审通知书》,同时告知评审组按计划实施评审。

5. 编写评审计划

评审组接到现场评审任务后,编写评审日程计划表。对评审的日期、时间、工作内容、评审组分工等进行策划安排,并就以下问题与被评审的实验室进行沟通:

① 确定评审的日程;
② 确定现场试验项目;
③ 商定交通、住宿等安排。

三、现场评审的实施

(一)召开预备会议

评审组长在现场评审前应召开全体评审组成员参加预备会议,会议内容包括:
① 评审组长声明评审工作的公正、客观、保密,以及本次评审的目的、范围和依据;
② 介绍实验室文件审查情况,明确现场评审要求,统一判定原则;
③ 听取评审组成员有关工作建议,解答疑问;
④ 确定评审组成员分工,明确各成员职责,提供相应评审文件及现场评审表格;
⑤ 确定现场评审日程表;
⑥ 如必要,要求实验室提供与评审相关的补充材料;
⑦ 如有新获证评审员和技术专家,需进行必要的培训及评审经验交流。

(二)首次会议

首次会议由评审组长主持召开,评审组全体成员、实验室最高管理者、技术负责人、质量主管和实验室业务部门负责人应参加首次会议,会议内容包括:
① 介绍评审组成员,实验室介绍与会人员;
② 宣读资质认定或实验室认可部门的评审通知,说明评审的目的、依据、范围、原则,明确评审将涉及的部门、人员;
③ 确认评审日程表、评审组成员分工;
④ 做出保密承诺,明确限制条件(如洁净区、危险区、限制交谈人员等);
⑤ 配备陪同人员,确定评审组的工作场所及评审工作所需资源。

(三)考察实验室场所

首次会议结束后,由陪同人员引领评审组进行现场考察,考察实验室相关的办公及检验检测场所。现场参观的过程是观察、考核的过程。有的场所通过一次性的参观之后可能不再重复检查,要利用有限的时间收集最大量的信息。在现场参观的同时要及时进行有关的提问，有目的地观察环境条件、仪器设备、检验检测设施是否符合检验检测的要求，并做好记录。现场参观应在评审日程表规定的时间内完成。

（四）现场试验

实验室是否有相应的检测能力，应通过现场试验予以考核。通过现场试验，考核检验人员的操作能力以及环境、设备等保证能力。

1. 选择考核项目

资质认定的首次评审和扩项评审的现场试验原则上要求申请的能力全部覆盖。实验室认可现场试验项目需覆盖申请范围内所有大类，复查评审时可根据具体情况酌情减少。

2. 确定现场试验考核方式

对实验室的现场试验考核，可采取盲样试验、人员比对、仪器比对、见证实验和报告验证的方式进行。

3. 现场试验结果的应用

① 盲样试验、人员比对、仪器比对、过程考核，应出具检验检测报告或证书；报告或证书验证应出具检验原始记录、检验检测报告或证书。

② 在现场操作考核中，如果盲样试验、人员比对、仪器比对的结果数据不合格，或与已知数据明显偏离，应要求实验室分析原因；如属偶然原因，可安排实验室重新试验；如属于系统偏差，则应认为该实验室不具备该项检验检测能力。

4. 现场试验的评价

现场试验结束后，评审员应对试验的结果进行评价，评价内容有：所用的检验检测标准是否正确；检验检测结果的表述是否准确、清晰、明了；检验检测人员是否有相应的检验检测经验；检验检测操作的熟练程度如何；环境设施和适宜程度；样品的接收、登记、描述、放置、样品制备及处置是否规范；检验检测设备、测试系统的调试、使用是否正确；检验检测记录是否规范。

5. 现场提问

现场提问是现场评审的一部分，是评价实验室工作人员是否经过相应的教育、培训，是否具有相应的经验和技能而进行资格确认的一种形式。实验室最高管理者、技术负责人、质量主管、授权签字人、各管理岗位人员以及所有从事检验检测活动的人员均应接受现场提问。

现场提问可与现场参观、操作考核、查阅记录等活动结合进行，也可以在座谈等场合进行。

现场提问的内容可以是基础性的问题：如法律法规、评审准则、体系文件、检验检测标准、检验检测技术等方面的提问。也可针对评审中发现的问题、尚不清楚的问题作跟踪性或澄清性提问。对所有的提问应有相应的记录，以便做出合理的评审结论。

6. 查阅质量记录

管理体系过程中产生的记录，以及检验检测过程中产生的记录是复现管理过程和检验检测过程的有力证据。评审组应通过对质量记录的查证，评价管理体系运行的有效性，以及技术操作的正确性。对质量记录的查阅应注重以下问题：

① 文件资料的控制，以及档案管理是否适用、有效、符合受控的要求，并有相应的资源保证。
② 实验室管理体系运行记录是否齐全、科学，能否有效反映管理体系运行状况。
③ 原始记录、报告或证书格式内容应合理，并包含足够的信息。
④ 记录做到清晰、准确，应包括影响检验结果的全部信息，如图表、全过程等。
⑤ 记录的形成、修改、保管符合体系文件的有关规定。

7. 填写现场评审记录

对实验室现场评审的过程要记录在评审报告中。评审员在依据《检验检测机构资质认定评审准则》和评审补充要求对实验室进行评审的同时，应详细记录基本符合和不符合条款及事实。评审结论分为"符合""基本符合""基本符合（需现场复核）""不符合"。

8. 现场座谈

通过现场座谈考核实验室技术人员和管理人员基础知识，了解实验室人员对体系文件的理解程度，澄清现场观察中的一些问题。座谈一般由以下人员参加：各级管理干部和管理岗位人员、内审员、监督人员、主要抽样人员、检验检测人员、新增员工。座谈中应该针对以下问题进行提问和讨论：对《检验检测机构资质认定评审准则》的理解；对实验室体系文件的理解；《检验检测机构资质认定评审准则》和体系文件在实际工作中的应用情况；各岗位人员对其职责的理解；各类人员应具备的专业知识；评审过程中发现的一些问题，以及需要与被评审方澄清的问题等。

9. 授权签字人考核

授权签字人是指由实验室提名，经过资质认定或实验室认可部门考核合格，签发检验检测报告和证书的人员。授权签字人应当满足如下条件：
① 具备中级以上（含中级）职称或准则规定的同等能力；
② 具备相应的工作经历；
③ 熟悉或掌握有关仪器设备的检定或校准状态；
④ 熟悉或掌握所承担签字领域的相应技术标准方法；
⑤ 熟悉实验室管理、检验检测报告或证书审核签发程序；
⑥ 具备对检验检测结果做出相应评价的判断能力；
⑦ 熟悉《检验检测机构资质认定评审准则》以及相关的法律法规、技术文件的要求。

10. 检验检测能力的确定

确认实验室的检验检测能力是评审组进行现场评审的核心环节，每一名评审员都应该严肃认真地核准实验室的能力，为资质认定或实验室认可提供真实可靠的评审结论。核准的检验检测能力必须满足以下条件：
① 立项所依据的标准。立项所依据的检验检测标准必须现行有效；在无国家标准、行业标准、地方标准、团体标准、国际标准的前提下，实验室可自行制定非标方法，其制定、验证、确认等过程的证明文件应能证明该非标方法科学、准确、可靠。
② 设施和环境须满足检验检测要求。
③ 检验检测全过程所需要的全部设备的量程、准确度必须满足预期使用要求。
④ 所有的检验检测数据均应溯源到国家计量基准。
⑤ 所有的检验检测工作均能由相应的检验检测人员正确完成。

⑥ 能够通过现场试验、盲样测试等证明相应的检验检测能力。

确定检验检测能力时应注意如下问题：

① 检验检测能力是以现有的条件为依据，不能以许诺、推测作为依据；

② 临时借用设备的项目不能作为检验检测能力；

③ 检验检测项目按申请的范围进行确认，评审员不得擅自增加项目；

④ 被评审方不能提供检验检测标准、检验检测人员不具备相应的技能、无检验检测设备或检验检测设备配置不正确、环境条件不满足检验检测要求的，均按不具备检验检测能力处理；

⑤ 同一检验检测项目中只有部分满足标准要求的，应在"限制范围或说明"栏内予以注明；

⑥ 实验室自行制定的非标方法，应在"限制范围或说明"栏内予以注明：仅限特定合同约定的委托检验检测。

11. 评审组内部会

在现场评审期间，应安排时间召开评审组内部会，会议主要内容有：交流评审情况，讨论评审发现的情况，确定是否构成不符合项；了解评审工作进度，及时调整评审员的工作任务，组织、调控评审过程，并对评审员的一些疑难问题提出处理意见。最后一次评审组内部会，对评审情况进行汇总，确定评审通过的检验检测能力，提出不符合项和整改要求，形成评审结论并做好评审记录。会议结束后，应向被评审方代表通报评审结论并请对方对这些结果发表意见，需要时解答疑问。

12. 与实验室沟通

形成评审组意见后，评审组长应与被评审实验室最高管理者进行沟通，通报评审中发现的不符合情况和评审结论意见，听取被评审实验室的意见。

13. 评审报告

评审组长负责填写评审组意见，主要内容包括：现场评审的依据，评审组人数，现场评审时间，评审范围，评审的基本过程，对机构体系运行有效性和承担第三方公正检验的评价，对人员素质、仪器设备、环境条件和检验报告的评价，对现场试验操作考核的评价，建议批准通过资质认定或实验室认可的项目数量及需要说明的其他问题，不符合项及需要整改的问题。

14. 末次会议

末次会议由评审组长主持召开，评审组成员全部参加，被评审单位的主要负责人必须参加。内容如下：

① 说明评审情况和评审中发现的问题；

② 宣读评审意见和评审结论；

③ 对"不符合项、基本符合项"提出整改要求；

④ 被评审实验室对评审结论发表意见；

⑤ 宣布现场评审工作结束。

四、现场评审的整改

现场评审结束后，实验室在商定的时间内对评审组提出的不符合内容进行整改，整改时间不超过规定的天数。整改完成后形成书面材料报评审组长确认，评审组长在收到实验室的整改材料后，应在规定的时间（一般 5 个工作日）完成跟踪验证，向资质认定或实验室认可部门或其委托的专业技术评价组织上报评审相关材料。

1. 对评审结论为"基本符合"的实验室，应采取文件评审的方式进行跟踪验证

① 实验室提交整改报告和相应见证材料；
② 评审组长根据见证材料确认整改是否有效，符合要求；
③ 整改符合要求的，由评审组长填写《评审报告》中的《整改完成记录》，上报审批。

2. 对评审结论为"基本符合需现场复核"的实验室，应采取现场检查的方式进行跟踪验证

① 实验室提交整改报告和相关见证材料；
② 评审组长组织相关评审人员，对需整改的不符合内容进行现场检查，确认整改是否有效；
③ 整改有效、符合要求的，由评审组长填写《评审报告》中的《整改完成记录》，上报审批。

【课后小测】

一、填空题

1. 申请实验室认证认可，无论是资质认定还是 CNAS 实验室认可，工作大体分为_____、_____、_____三个阶段。

2. 现场评审的类型包括_____、_____、_____、_____、_____。

二、单项选择题

1. 评审组长在现场评审前应召开全体评审组成员参加的预备会，预备会上对评审工作说法不正确的是（　　）。
   A. 公正　　　　　B. 公开　　　　　C. 客观　　　　　D. 保密

2. （　　）是现场评审的一部分，是评价实验室工作人员是否经过相应的教育、培训，是否具有相应的经验和技能而进行资格确认的一种形式。
   A. 现场提问　　　B. 现场试验　　　C. 现场座谈　　　D. 现场讨论

3. 实验室的认可是由（　　）按规定准则和程序来进行的评审。
   A. 审核机构　　　B. 认可机构　　　C. 认证机构　　　D. 四家质监机构

三、判断题

1. 具有工程师及以上技术职称的人员均可担任实验室技术主管与授权签字人。（　　）
2. 实验室可以口头规定所有管理、操作和核查人员的职责、权利和相互关系。（　　）
3. 实验室应具有明确的法律地位，凡申请认可的实验室必须是独立法人。（　　）
4. 第一方、第二方和第三方实验室都可以申请实验室认可。（　　）

四、问答题

1. 什么是实验室认可？实验室认可的基本程序是什么？
2. 实验室认证和认可有何本质区别？

课后小测答案

项目一 实验室规划设计与建设

一、填空题
1. 设计前的准备工作、初步设计阶段、技术设计阶段、施工图设计阶段。
2. 阳光、温度、湿度、粉尘、震动、磁场、有害气体。
3. 1.2～1.5m。
4. 单面、双面、检修、安全。
5. 直接供水、高位水箱供水、混合供水、加压泵供水。
6. 单面实验台、双面实验台。
7. 全室通风、局部排风。

二、单项选择题
1. B   2. D

三、简答题
1. 答：主要途径是根据震源的性质采取不同的防震措施。

常用的方法有：消极隔震措施（支承式隔震措施和悬吊隔震措施）和积极隔震措施（加强地基刚度、加隔震装置、建造"隔震地坪"）。

2. 答：实验室的供电线路宜直接由总配电室引出，避免与大功率用电设备共线，以减少线路电压波动，仪器一旦开启不宜频繁断电，断电可能使实验中断，影响实验的精确度，甚至导致试样损失、仪器装置破坏以至无法完成实验。

3. 答：（1）通常设置于远离主建筑物、结构坚固并符合防火规范的专用库房内，应有防火门窗，通风良好，有足够的泄压面积。

（2）远离火源、热源，避免阳光暴晒。室内温度宜在30℃以下，相对湿度不应超过85%。

（3）采用防爆型照明灯具，备有消防器材，用自然光或冷光源照明。

（4）库房内应使用不燃烧材料制作的防火间隔、储物架，储存腐蚀性物品的柜、架应进行防腐蚀处理。

（5）危险试剂应分类分别存放。挥发性试剂存放时，应避免相互干扰，并方便地排放其挥发物质。

（6）门窗应设遮阳板，并且朝外开。

项目二 实验室组织管理

一、填空题
1. 权力、行政、相对。
2. 配备、检验工作。
3. 检验人员的基本条件、实验室人员的构成、任职资格和条件。

二、判断题
1. √   2. √   3. √
三、单项选择题
1. C   2. D
四、简答题
1. 答：具有上岗合格证，熟悉检验专业知识；掌握采取样品的性质，熟悉采样方法，会使用采样工具；掌握分析所用各种标准溶液的配制、储存、发放程序；掌握分析方法、指标、采样时间、样品保留等必备知识；掌握控制分析、产品分析、原料分析方法以及控制指标、结果判定；掌握包装物检查管理规定、计量检验规程及质量计算方法；认真填写原始记录、检验报告，能够独立解决工作中的一般技术问题；严格按程序和实施细则进行取样，按操作规程使用仪器设备，对使用的仪器设备做到按要求定期保养，使用后及时填写使用情况记录；努力钻研业务，参加各项培训和学术交流，积极参加比对试验，不断提高检验水平；检验工作要做到安全、文明、卫生规格化；做好安全保密工作，遵纪守纪，积极认真完成各项检验工作。

2. 答：中心实验室的权力范围有对出厂的产品和进厂的原料有行使监督检验的权力；对产品质量及生产过程的检验、质量管理、质量事故进行监督考核，行使质量否决权的权力；对违反质量法规的行为有制止并对所涉及的单位和个人提出处理意见的权力；有代表厂方处理质量拒付和争议以及厂内质量仲裁的权力。

项目三 实验室仪器设备管理

一、填空题
1. 防尘、防潮、防震，定人保管、定点存放、定期维护、定期检修。
2. 买好、用好、管好。
3. 工程技术管理、财务经济管理、管理方法、维修管理（含备件管理）。

二、单项选择题
1. B   2. C   3. B   4. C   5. D

三、判断题
1. √   2. ×   3. ×

四、问答题
1. 答：实验室仪器设备管理日常工作包括：仪器设备的账卡建立和定期检查核对，仪器设备的保管和使用，仪器设备的调拨和报废，仪器设备损坏、丢失的赔偿处理。

2. 答：仪器设备达到使用技术寿命或经济寿命时，如确已丧失正常效能，或技术落后，能耗较大或损坏严重无法修复，有的虽能修复，但修理费用超过新购价格的50%，都应作报废处理。一般仪器设备的报废，由企业设备管理部门审核同意，大型精密仪器设备报废还需经企业主管领导审批，并报企业上级主管部门批准或备案。报废的仪器设备可以降级使用、拆零部件使用或交企业设备管理部门的回收仓库。同时，应做好变更固定资产价值或销账撤卡工作。

项目四 实验室试剂管理

一、填空题
1. 品种多、质量要求严格、应用面广、用量少。
2. CP。
3. 红色。

二、单项选择题

1. B　　2. A　　3. C　　4. C　　5. D　　6. D

三、判断题

1. ×　　2. √　　3. ×　　4. √

四、简答题

1. 答：建立健全的化学试剂管理制度，做好化学试剂的采购、储存量控制，做好化学试剂的验收入库工作，做好化学试剂的经常性的保管保养工作。

2. 答：为了安全起见，危险化学试剂使用前要对其性质有一个全面了解：是否易燃、易爆，是否具有腐蚀性，是否具有氧化性，是否为剧毒性试剂等。

（1）易燃、易爆化学试剂。严禁明火作业，加热也不能直接用加热器。实验人员要穿好必要的防护用具，最好戴上防护眼镜。

（2）遇水易燃试剂。使用时避免与水直接接触，也不要与人体接触，避免灼伤。

（3）强氧化性化学试剂。使用这类强氧化性化学试剂时，环境温度不要高于30℃，通风要良好，且不要与有机物或还原性物质共同使用（加热）。

（4）强腐蚀性化学试剂。碰触到任何强腐蚀性化学试剂都必须及时清理，因此在使用前一定要了解接触到的这些强腐蚀性化学试剂的急救方法。

（5）有毒化学试剂。使用前了解所用有毒化学试剂的急救方法，使用时要避免大量吸入，在使用完毕后，要及时清洗，并更换工作服。

（6）放射性化学试剂。使用这类物质需要特殊防护设备和了解相关知识，防止放射性物质的污染与扩散。

项目五　实验室安全管理

一、填空题

1. 爆炸、中毒、触电、割伤、烫伤、冻伤、射线。
2. 呼吸、接触、摄入。
3. 废气、废水和废渣。
4. 解毒、深埋。
5. 腐蚀性化学试剂。

二、单项选择题

1. A　　2. B　　3. C　　4. C　　5. D　　6. A　　7. D　　8. A　　9. B　　10. C

三、判断题

1. ×　　2. ×　　3. ×　　4. √　　5. √

四、简答题

1. 答：（1）灭火措施：防止火势扩展，首先切断电源，关闭煤气阀门，快速移走附近的可燃物；根据起火的原因及性质，采取妥当的措施扑灭火焰；火势较猛时，应根据具体情况，选用适当的灭火器，并立即请求救援。

（2）注意事项：要根据火源类型选择合适的灭火器材；电气设备及电线着火时必须关闭总电源，再用四氯化碳灭火器熄灭已燃烧的电线及设备；在回流加热时，由于安装不当或冷凝效果不佳而失火，应先切断加热源，再进行扑救。但绝对不可以用其他物品堵住冷凝管上口；实验过程中，若敞口的器皿中发生燃烧，在切断加热源后，再设法找一个适当材料盖住器皿口，使火熄灭；扑救有毒气体火情时，要注意防毒；衣服着火时，不可慌张乱跑，应立即用湿布等物品灭火，如燃烧面积较大，可躺在地上打滚，熄灭火焰。

2. 答：灭火器应定期检查并按时更换药液；临使用前必须检查喷嘴是否通畅，如有阻塞，应用铁丝疏通后再使用，以免造成爆炸；使用后应彻底清洗，并及时更换已损坏的零件；灭火器应安放在固定明显的地方，不得随意挪动。

3. 答：中毒是指某些侵入人体的少量物质引起局部刺激或整个机体功能障碍的任何疾病。

毒物侵入人体的途径：呼吸中毒、接触中毒和摄入中毒。

中毒的预防：实验室工作人员一定要熟知本岗位的检验项目以及所用药品的性质；所用一切化学药品必须有标签，剧毒药品要有明显的标志；严禁试剂入口，用移液管吸取试液时应用洗耳球操作而不能用嘴；严禁用鼻子贴近试剂瓶口鉴别试剂，应将试剂瓶远离鼻子，以手轻轻煽动稍闻其味即可；对于能够产生有毒气体或蒸气的实验，必须在通风柜内完成；使用毒物实验的操作者，在实验过程中，一定要严格地按照操作规程完成，实验结束后，必须用肥皂充分洗手；采取有毒试样时，一定要事先做好预防工作；装有煤气管道的实验室，应经常注意检查管道和开关的严密性，避免漏气；尽量避免手与有毒物质直接接触，严禁在实验室内饮食；实验过程中如出现头晕、四肢无力、呼吸困难、恶心等症状，说明可能中毒，应立即离开实验室，到户外呼吸新鲜空气，严重的送往医院救治。

4. 答：分类收集、存放，分别集中处理。废弃物排放符合国家有关环境排放标准。

5. 答：当心火灾、当心腐蚀、必须戴防护手套、必须戴防护眼镜、禁止跨越、禁止用水灭火、禁止靠近、禁止烟火、当心中毒、禁止通行、禁止饮用。

项目六　实验室质量管理

一、填空题

1. 保证职能、预防职能、报告职能。
2. 接收进货报验单、取样、样品登记、样品检验、填写记录、出具检验报告单。
3. 策划、实施、检查、行动。

二、单项选择题

1. C　　2. B　　3. C

三、判断题

1. ×　　2. ×　　3. ×

四、简答题

1. 答：产品质量与工作质量是既不相同又密切联系的两个概念，产品质量取决于工作质量，工作质量是保证产品质量的前提条件，产品质量是企业各部门、各环节工作质量的综合反映。因此，实施质量管理既要搞好产品质量，又要搞好工作质量，而且应该把重点放在工作质量上，通过保证和提高工作质量来保证产品质量。

2. 答：通过对进厂的原材料、半成品、成品的检验，以及生产过程中工序的检验，产品出厂前的成品检验，搜集数据，对被检验对象与技术要求进行比较，做出合格、不合格的判断，合格的放行，不合格的去掉，并向上级报告。同时对搜集到的数据进行分析，为提高和改进产品质量提供依据，对于不合格的项目，通过分析找出原因，制定纠正措施，避免同类不合格事件的再次发生。

项目七　实验室认证认可

一、填空题

1. 实验室申请、现场评审、批准获证。

2. 首次评审、变更评审、复查评审、扩项评审、其他评审。

二、单项选择题

1. B   2. A   3. B

三、判断题

1. ×   2. ×   3. ×   4. √

四、简答题

1. 答：实验室认可是指实验室认可机构对实验室有能力进行规定类型的检测和（或）校准所给予的一种正式承认。

基本程序：①申请，②现场评审，③批准认可，④监督和复评审，⑤能力验证。

2. 答：认证和认可的本质区别是：

① 两者主体不同。认证的主体是具备能力和资格的第三方，由合格的第三方实施认证的工作，以保证认证工作的公正性和独立性。认可的主体是权威团体，这里一般是指由政府授权组建的一个组织，具有足够的权威性。

② 两者的对象不同。认证的对象是产品、过程或服务，如质量管理体系认证、产品质量认证、环境管理体系认证等。认可的对象是从事特定任务的团体或个人，如检验机构、实验室、管理体系认证机构以及审核员、审核员培训机构等。

③ 两者的目的不同。认证是符合性认证，以质量管理体系的认证为例，其目的在于质量管理体系认证机构对组织所建的质量管理体系是否符合规定的要求进行证明。认可是具备能力的证明，即认可机构和质量管理体系审核员是否具备从事质量管理体系认证工作的资格和能力进行考核和证明。

附录

附录一 常用数据

表1 仪器玻璃的化学组成、性质及用途

玻璃名称	通称	化学组成 /%						线膨胀系数[①]	耐热急变温差	软化点	主要用途
		SiO_2	Al_2O_3	B_2O_3	R_2O(Na_2O,K_2O)	CaO	ZnO				
特硬玻璃	特硬料	80.7	2.1	12.8	3.8	0.6	—	32×10^{-7}	不低于270℃	820℃	制烧器类耐热产品
硬质玻璃	九五料	79.1	4.5	4.5	12	3.3	—	$41\times10^{-7}\sim42\times10^{-7}$	不低于220℃	770℃	制作烧器类各种玻璃仪器
一般仪器玻璃	管料	74	4.5	4.5	12	3.3	1.7	71×10^{-7}	不低于140℃	750℃	制作滴管、吸管及培养皿等
量器玻璃	白料	73	5	4.5	13.2	3.8	0.5	73×10^{-7}	不低于120℃	740℃	制作量器等

① 线膨胀系数是指当物体温度升高1℃时,单位长度上所增加的长度。

表2 玻璃仪器的几种常用的洗涤液

洗涤液及配方	使用方法
(1)铬酸洗液 研细的重铬酸钾20g溶于40mL水中,慢慢加入360mL浓硫酸	用于去除器壁残留油污,用少量洗液刷洗或浸泡一夜,洗液可重复使用
(2)工业盐酸(浓或1:1)	用于去除碱性物质及大多数无机物残渣
(3)碱性洗液 氢氧化钠100g/L,水溶液或乙醇溶液	水溶液加热(可煮沸)使用,其去油效果较好;注意,煮的时间太长会腐蚀玻璃,碱-乙醇洗液不要加热
(4)碱性高锰酸钾洗液 4g高锰酸钾溶于水中,加入10g氢氧化钠,用水稀释至100mL	清洗油污或其他有机物质,洗后容器沾污处有褐色二氧化锰析出,再用浓盐酸或草酸洗液、硫酸亚铁、亚硫酸钠等还原剂去除
(5)草酸洗液 5~10g草酸溶于水中,加入少量浓盐酸	洗涤高锰酸钾洗液洗后产生的二氧化锰,必要时加热使用
(6)碘-碘化钾溶液 1g碘和2g碘化钾溶于水中,用水稀释至100mL	洗涤用过硝酸银滴定液后留下来的黑褐色污物,也可用于擦洗沾过硝酸银的白瓷水槽

续表

洗涤液及配方	使用方法
（7）有机溶剂 苯、乙醚、丙酮、二氯乙烷等	可洗去油污或溶于该溶剂的有机物质，用时要注意其毒性及可燃性。 用乙醇配置的指示剂溶液的干渣可用盐酸-乙醇（1：2）洗液洗涤
（8）乙醇、浓硝酸（不可事先混合）	用一般方法很难洗净的有机物可用此法：于容器内加入不多于2mL的乙醇，加入10mL浓硝酸，静置片刻，立即发生激烈反应，放出大量热及二氧化氮，反应停止后再用水冲洗，操作应在通风柜中进行，不可塞住容器，做好防护

表3 常见的灭火剂及适用范围简表

灭火剂			火灾种类			
			一般火灾	可燃液体火灾	带电设备火灾	金属火灾
				非水溶性	水溶性		
液体	水	直流	0	×	×	×	×
		喷雾	0	△	0	0	△
	水溶液	喷雾（加强化剂）	0	0	0	×	×
		加表面活性剂	0	△	△	×	×
		加增黏剂	0	×	×	×	×
		酸碱灭火剂	0	×	×	×	×
液体	泡沫	化学泡沫	0	0	△	×	×
		蛋白泡沫	0	0	×	×	×
		氟蛋白泡沫	0	0	×	×	×
		抗溶泡沫	0	△	0	×	×
		高倍数泡沫	0	0	×	×	×
气体	卤烷	七氟丙烷	△	0	0	0	×
	不燃气体	二氧化碳	△	0	0	0	×
		氮气	△	0	0	0	×
固体	干粉	氨基碳酸盐干粉	△	0	0	0	×
		磷酸盐干粉	0	0	0	0	×
		金属火灾干粉	×	×	×	×	0
		混合干粉	0	0	0	0	×
烟雾		EBM气溶胶	×	0	0	0	×

注：0—适用；△——一般适用；×—不适用。

表4 小型灭火器的用途及使用方法

灭火器种类	泡沫灭火器	二氧化碳灭火器	干粉灭火器
内装主要药剂	碳酸氢钠、发泡剂、水和硫酸铝	液体二氧化碳	碳酸氢钠干粉、磷酸铵等和高压二氧化碳
用途	适用于油类火灾，不能用于扑救电气火灾	适用于扑救贵重仪器和设备及电气火灾，不能用于金属钠、钾、镁、铝等金属火灾	适用于扑救石油、石油产品、油漆、有机溶剂、石油气等火灾。缺点是不能防止复燃

续表

灭火器种类	泡沫灭火器	二氧化碳灭火器	干粉灭火器
效能	10L 泡沫灭火器射程 8m，喷射时间 60s	要接近着火地点，保持 3m 距离（防止 CO_2 造成人员窒息）。3kg 二氧化碳灭火器喷射时间 > 8s，喷射距离 > 1.5m	3kg 干粉灭火器喷射时间 > 8s，实际喷射时间可达 14～16s，喷射距离 > 2.5m，实际喷射距离可达 4.5m
使用方法	倒转灭火器，稍加摇动，即可喷出	拿起灭火器，把喷射喇叭筒对准火源，拔出插销，打开（或按压）开关即可喷出	拿起灭火器，把喷射喇叭筒对准火源，拔出插销（或者提起拉环），打开（或按压）开关即可喷出
保管与检验	（1）灭火器要放置于方便取用的地方； （2）保存于通风、干燥处，防止日晒、雨淋； （3）注意使用期限，定期检查； （4）按规定及时补充或更换药剂； （5）经常检查灭火器喷嘴，防止堵塞； （6）冬天要注意防止冻结，尤其是泡沫灭火器		

附录二 高等学校实验室安全检查项目表（2021）

序号	检查项目	检查要点	情况记录
1	责任体系		
1.1	学校层面安全责任体系		
1.1.1	有校级实验室安全工作领导机构	有校级制度，内容含实验室安全的法人责任、党政同责、领导机构	
1.1.2	有明确的实验室安全主管职能部门	有实验室安全主管部门，与其他相关职能部门分工明确	
1.1.3	学校与院系签订实验室安全管理责任书/告知书	档案或信息系统里有现任学校领导签字盖主管章的安全责任书/告知书	
1.2	院系层面安全责任体系		
1.2.1	二级单位党政负责人作为实验室安全工作主要领导责任人	查院系文件	
1.2.2	成立院级实验室安全工作领导小组	由院系党政主要领导作为负责人，分管实验室安全领导及研究所、中心、教研室、实验室等负责人参加	
1.2.3	建立院系实验室安全责任体系	研究所、中心、教研室、实验室等机构有安全责任人和管理人，查院系发布的文件；查资料或网络管理系统，关注在多校区分布的情况	
1.2.4	有实验室安全责任书	签订责任书到实验房间安全责任人，及每一位使用实验室的教师	
1.3	经费保障		
1.3.1	学校每年有实验室安全常规经费预算	查预算审批凭据	
1.3.2	学校有专项经费投入实验室安全工作，重大安全隐患整改经费能落实	查财务凭据	
1.3.3	院系有自筹经费投入实验室安全建设与管理	查财务凭据	
1.4	队伍建设		
1.4.1	学校根据需要配备专职或兼职的实验室安全管理人员	理（除数学）、工、农、医等类院系有专职实验室安全管理人员；文、管、艺术类、数学等院系有兼职实验室安全管理人员；推进专业安全队伍建设，保障队伍稳定和可持续发展	
1.4.2	有实验室安全督查/协查队伍，可以由教师、实验技术人员，也可以利用有相关专业能力的社会力量	有设立或聘用文件，查工作记录	

续表

序号	检查项目	检查要点	情况记录
1.4.3	各级主管实验室安全的负责人、管理人员及技术人员到岗一年内须接受实验室安全培训	有培训证书或受培训记录	
1.5	其他		
1.5.1	采用信息化手段管理实验室安全	建立实验室安全信息管理系统和监管系统	
1.5.2	建立实验室安全工作档案	包括责任体系、队伍建设、安全制度、奖惩、教育培训、安全检查、隐患整改、事故调查与处理、专业安全、其他相关的常规或常态阶段化工作档案资料等；档案分类规范合理，便于查找	
2	规章制度		
2.1	实验室安全管理制度		
2.1.1	有校级实验室安全管理办法	建有校级实验室安全管理总则，建有安全风险评估制度、危险源全周期管理制度、实验室安全应急制度、奖励与问责制度和安全准入制度等管理细则；制度文件须有学校正式发文号；文件应及时修订更新；文件应具有可操作性或实际管理效用	
2.1.2	有校级实验室安全管理细则		
2.1.3	有院系级实验室安全管理制度	建有院系特色的实验室安全管理制度，包含院系的安全检查、值班值日、安全培训等管理制度；制度文件应有院系发文号；实验风险评估、安全培训等制度应及时修订更新；文件应具有可操作性或实际管理效用	
3	安全宣传教育		
3.1	安全教育活动		
3.1.1	开设实验室安全必修课或选修课	对于化学、生物、辐射等高风险的相关院系和专业，要开设有学分的安全教育必修课或将安全教育课程纳入必修环节；鼓励其他专业开设安全选修课	
3.1.2	开展校级安全教育培训活动	查看近三年存档记录，包含培训时间、内容、人数、通知、会场照片等；每年至少开设一次培训活动	
3.1.3	院系开展安全培训活动	查看记录，重点关注外来人员和研究生新生；每年至少开展一次培训活动	
3.1.4	开展结合学科特点的应急演练	查看档案，包含演练内容、人数、效果评价等；每年至少开展一次应急演练	
3.1.5	组织实验室安全知识考试	建设题库内容包含通识类和各专业学科分类安全知识、安全规范、国家相关法律法规，应急措施；从事实验工作的学生、教职工及外来人员均需参加考试，通过发放合格证书或保留记录	
3.2	安全文化		

续表

序号	检查项目	检查要点	情况记录
3.2.1	建设有学校特色的安全文化	学校、院系网页设立专栏开展安全宣传、经验交流等	
3.2.2	编印学校实验室安全手册	将实验室安全手册发放到每一位从事实验活动的师生	
3.2.3	创新宣传教育形式，加强安全文化建设	通过微信公众号、安全文化月、安全专项整治活动、实验室安全评估、安全知识竞赛、微电影等方式，加强安全宣传	
4	安全检查		
4.1	危险源辨识		
4.1.1	学校、院系层面建立危险源分布清单	清单内容需包括单位、房间、类别、数量、责任人等信息	
4.1.2	涉及危险源的实验场所，应有明确的警示标识	涉及管制化学品、病原微生物、放射性同位素、强磁等高危场所，有显著明确的警示标识	
4.1.3	建立针对重要危险源的风险评估和应急管控方案	由实验室建立，报院系备案，检查院系文件	
4.2	安全检查		
4.2.1	学校层面开展定期/不定期检查	每年不少于4次，并记录存档	
4.2.2	院系层面开展定期检查	每月不少于1次，并记录存档	
4.2.3	针对高危实验物品开展专项检查	针对管制化学品、病原微生物、放射源等，开展定期专项检查	
4.2.4	实验房间须建立自查自查台账	每天最后离开的人检查水电气门窗等，并存记录	
4.2.5	安全检查人员应配备专业的防护和计量用具	安全检查人员要佩戴标识，配备照相器具；进入化学、生物、辐射等实验要穿戴必要的防护装具；检查辐射场所佩戴个人辐射剂量计；条件许可的，应配备必要的测量、计量用具（电笔、万用表、声级计、风速仪等）	
4.3	安全隐患整改		
4.3.1	检查中发现的问题应以正式形式通知到相关负责人	通知方式包括校网上公告、实验室安全简报、书面或电子的整改通知书等形式。其中整改通知书要包含问题描述、整改要求和期限等，并由敬查院系单位签收；对整改资料进行规范存档	
4.3.2	院系应对问题隐患进行及时整改	整改报告应在规定时间内提交学校管理部门，并归档；如存在重大隐患，实验室应立即停止实验活动，采取相应措施排除或整改完成后方能恢复实验	
4.4	安全报告		
4.4.1	学校有定期/不定期的安全检查通报	查看相关资料或电子文档	
4.4.2	院系有安全检查及整改记录	查看相关资料或电子文档	

续表

序号	检查项目	检查要点	情况记录
5	实验场所		
5.1	场所环境		
5.1.1	实验场所应张贴安全信息牌	每个房间门口挂有安全信息牌,信息包括、安全风险点的警示标识、安全责任人、涉及危险类别、防护措施和有效的应急联系电话等,并及时更新	
5.1.2	实验场所具备合理的安全空间布局	超过200平方米的实验楼层具有至少两处紧急出口,75平方米以上实验室要有两个出入口;实验楼大走廊保证留有大于2米净宽的消防通道;实验室内多人同时进行实验时,人均操作面积不小于2.5平方米	
5.1.3	实验场所消防通道通畅,公共场所不堆放仪器和物品	保持消防通道通畅	
5.1.4	实验室建设和装修应符合消防安全要求	实验操作台应选用合格的防火、耐腐蚀材料;仪器设备安装符合建筑物承重载荷;体的实验场所不设吊顶;废弃不用的配电箱、插座、水管水龙头、网线、气体管路等,应及时拆除或封闭;实验室门上有观察窗,外开门不阻挡逃生路径	
5.1.5	实验场所房间均应配有应急备用钥匙	应配备用钥匙需集中存放,统一管理,应急时方便取用	
5.1.6	实验设备需做好振动减震和噪音降噪	各易产生振动的设备,需考虑建立合理的减震措施,易对产生磁场或受磁场干扰的设备,需做好磁屏蔽;实验室曝音一般不高于55分贝 (机械设备不高于70分贝)	
5.1.7	实验室水、电、气管线布局合理,安装施工规范	采用管道供气实验的实验室,输气管道及阀门无漏气现象,并有明确标识;供气管道名称和气体流向标识,无破损,明火设备放置位置与气体管道有安全间隔距离	
5.2	卫生与日常管理		
5.2.1	实验室分区应相对独立,布局合理	有毒有害实验区与学习区明确分开,合理布局,重点关注化学、生物、辐射、激光等类别实验室	
5.2.2	实验室环境应整洁卫生有序	实验室物品摆放有序,卫生状况良好,实验完毕物品归位,无废弃物品,不放无关物品;不在实验室睡觉过夜,不存放和烧煮食物、饮食,禁止吸烟,不使用可燃性蚊香	
5.2.3	实验室有卫生安全值日制度	实验期间有值日情况记录	
5.3	场所其他安全		
5.3.1	每间实验室均有编号并登记造册	查看现场	
5.3.2	危险性实验室应配备应急救助药物	配备的药箱不上锁,并定期检查药品是否在保质期内	
5.3.3	废弃的实验室防范措施和明显标识	查看现场	

续表

序号	检查项目	检查要点	情况记录
6	安全设施		
6.1	消防设施		
6.1.1	实验室应配备合适的灭火设备，并定期开展使用训练	烟雾报警器、灭火器、灭火毯、消防沙、消防喷淋等，配置正确，灭火器在有效期内（压力指针（拉针）正常正常有效，方便取用；灭火器种类配置正确、方便取用；灭火器种类应正常有效期内（压力指针（拉针）正常、安全销（拉针）正常，功能正常，瓶身无破损、腐蚀	
6.1.2	紧急逃生疏散路线通畅	在显著位置张贴有紧急逃生疏散路线图，疏散路线图的逃生路线应有二条（含）以上；路线与现场情况相符；主要逃生路径（室内、楼梯、通道和出口处）有足够的紧急照明灯，功能正常；并设置有效标识指示逃生方向；师生应熟悉紧急疏散路线及火场逃生注意事项	
6.2	应急喷淋与洗眼装置		
6.2.1	存在可能受到化学和生物伤害的实验区域，需配置应急喷淋和洗眼装置	有显著标识	
6.2.2	应急喷淋与洗眼装置安装合理，并能正常使用	应急喷淋安装地点与工作区域之间畅通，距离不超过30米；应急喷淋装置总阀处常开状。方向正确，应急喷淋装置下方无障碍物，喷淋头下方无通淋浴置代替应急喷淋装置；洗眼装置接入生活用水管道，水量水压适中（喷出高度8～10厘米），水流畅通平稳	
6.2.3	定期对应急喷淋与洗眼装置进行维护	有检查记录（每月启动一次阀门，时刻保证管内流水畅通）；每周擦拭洗眼喷头，无锈水脏水	
6.3	通风系统		
6.3.1	有需要的实验场所配备符合设计规范的通风系统	管道风机需防腐，使用可燃气体场所应采用防爆风机；实验室通风系统运行正常；屋顶风机固定无松动，检修、定期进行维护，无异常噪声	
6.3.2	通风柜配置合理、使用正常，操作合规	根据柜内可能产生有害气体的吸附或无害化处理装置（如活性炭、光催化分解、喷淋等）；任何可能产生有害气体而致积聚有害气体或个人暴露，或产生可燃、可爆炸气体的实验，都应在通风柜内进行；进行实验时，可调玻璃视窗开至距台面10～15厘米，保持通风效果，并保护操作人员胸部以上部位；玻璃视窗材料应是韧化玻璃，实验人员在通风柜内实验时，不可将一次性手套或较轻的塑料袋等留在通风柜内，以免堵塞排风口；通风柜内放置物品应距离调节门内侧15厘米左右，以免掉落各	
6.4	门禁监控		
6.4.1	重点场所安装门禁和监控设施，并有专人管理	关注重点场所，如剧毒品、放射源存放点、病原微生物、核材料等危险源的管理	

续表

序号	检查项目	检查要点	情况记录
6.4.2	门禁和监控系统运转正常，与实验室准入制度相匹配	监控不留死角，图像清晰，人员出入记录可查，建议视频记录存储时间大于1个月；停电时，电子门禁系统应是开启状态	
6.5	实验室防爆		
6.5.1	有防爆需求的实验室需符合防爆设计要求	安装有防爆开关、防爆灯等，安装必要的气体报警系统、监控系统、应急系统等；对于产生可燃气体或蒸汽的装置，出口处安装阻火器，室内应加强通风，防止爆炸物聚积	
6.5.2	应妥善防护具有爆炸危险性的仪器设备	使用合适的安全罩防护	
7	基础安全		
7.1	用电用水基础安全		
7.1.1	实验室用电安全应符合国家标准（导则）和行业标准	实验室电容量、插头插座与用电设备功率匹配，不得私自改装；电气设备应配备空气开关和漏电保护器；电源插座须固定，花线和木质配电板；禁止多个接线板串接供电，不私自乱接电线电缆，不使用老化的接线电缆；接线板不宜直接平地面，接线的绝缘接头处要有盖板或护套，穿越通道的线缆应有盖板或护套（包括空调等）；电线接头绝缘可靠，无裸露连接线（不可使用接线板），大功率仪器（特别是冷却使用专用插座（不可使用接线板），用电负荷满足要求；电器长期不用时，应切断电源	
7.1.2	给水、排水系统布置合理，运行正常	水槽、地漏及下水道畅通，水龙头、上下水管无破损；各类连接管无老化破损（特别是冷却冷凝系统的橡胶管接口处）；各楼层及实验室至各级水管总阀需有明显的标识	
7.2	个人防护		
7.2.1	实验人员需配备合适的个人防护用品	凡进入实验室人员需穿着质地合适的实验服或防护服；按需要佩戴防护眼镜、防护手套、安全帽、防护帽、安全防护罩或面罩（呼吸器或面罩在有效期内，不用时须密封放置）等；进行化学、生物安全和高温实验时，不得佩戴隐形眼镜；操作机床等旋转设备时，不穿戴长围巾、丝巾、领带等；穿着化学、生物类实验服或戴支架手套，不得随意进入非实验区	
7.2.2	个人防护用品分散存放，存放地点有明显标识	在紧急情况需使用的防化服等个人防护器具应存放在安全场所，以便于取用	
7.2.3	各类个人防护用品的使用有培训及定期检查维护记录	检查培训及维护记录	
7.3	其他		
7.3.1	危险性实验（如高温、高压、高速运转等）时必须有两人在场	实验时不能脱岗，通宵实验须两人在场并有事先审批制度	
7.3.2	实验台面整洁，实验记录规范	查看实验台面及实验记录	

续表

序号	检查项目	检查要点	情况记录
8	化学安全		
8.1	危险品购置		
8.1.1	危险化学品采购需要符合要求	危险化学品应向具有生产经营许可资质的单位进行购买，查看相关供应商的经营许可资质证书复印件	
8.1.2	剧毒品、易制毒品、易制爆品、爆炸品的购买程序合规	此类危险化学品购买前须经学校审批，报公安部门批准或备案，向具有经营许可资质的单位购买；校职能部门保留资料，建立档案；不得私自从本单位获取管控化学品；查看上级主管部门的报批记录和学校审批记录；购买此类危险化学品应有规范的验收记录	
8.1.3	麻醉药品、精神药品等购买前须向食品药品监督管理部门申请	报批同意后向定点供应商或者定点生产企业采购	
8.1.4	保障化学品、气体运输安全	查看资料，现场抽查。校园内的运输车辆、运送人员，送货方式等符合相关规范	
8.2	实验室化学品存放		
8.2.1	实验室内危险化学品建有动态合账	建立本实验室危险化学品目录，并有危险化学品安全技术说明书（MSDS）或安全周知卡，方便查阅；定期清理过期药品，无累积现象	
8.2.2	化学品存放有专用存放空间并科学有序存放	储藏室、储藏区、储存柜等应通风、隔热、避光、安全；有机溶剂储存区应远离热源和火源；易泄漏、易挥发的试剂应保证充足的通风，配伍禁忌化学品应有电源插座或画线板；化学品有分类存放、固体液体不混乱放置，试剂不能叠放，试剂瓶不得混放；装有试剂的试剂瓶不得开口放置；配备必要的二次泄漏防护、吸附或溢流功能；实验台架无挡板不得存放化学试剂	
8.2.3	实验室内存放的危险化学品总量需符合规定要求	原则上不应超过100公升或100千克，其中易燃易爆性化学品存放总量不应超过50公升或50千克，且单一包装容器不应大于20公升或20千克（可按50平方米为标准，存放量以实验室面积比考察）；单个实验装置存在10公升以上甲类物质储罐，或20公升以上乙类物质储罐，或50公升以上丙类物质储罐，需加装泄漏报警器及通风联动装置。可按50平方米为标准，存放量以实验室面积比考察	
8.2.4	化学品标签应显著完整清晰	化学品包装物上应有符合规定的包装标签；当化学品标签由原包装物转移或分装到其他包装物时，转移或分装后的包装物脱落、模糊、腐蚀应及时补贴标识，如不能确认，则以废弃化学品处置	
8.3	实验操作安全		
8.3.1	制定危险实验、危化工艺指导书，各类标准操作规程（SOP），应急预案	指导书和预案上端或应便于取阅；实验人员熟悉所涉及危险性及应急处理措施；按照指导书进行实验	

续表

序号	检查项目	检查要点	情况记录
8.3.2	危险化工工艺和装置应设置自动控制和电源冗余设计	涉及危险化工工艺、重点监管危险化学品的反应装置自动化控制系统；涉及放热反应的危险化工工艺生产装置应设置双重电源供电或控制系统应配置不间断电源	
8.3.3	做好有毒有害废气的处理和防护	对于产生有毒有害废气的实验，在通风柜中进行，并在实验装置尾端配有气体吸收装置；配备合适有效的呼吸器	
8.4	管制类化学品管理		
8.4.1	剧毒化学品执行"五双"管理（即双人验收、双人保管、双人发货、双把锁、双本账），技防措施符合管制要求，有专用账册	单独存放，不得与易燃、易爆、腐蚀性物品等一起存放；有专人管理并做好储存、领取、发放情况登记，登记资料至少保存1年；防盗安全门应符合GA/T 73的要求，防盗安全级别为乙级（含）以上；防盗锁应符合GA/T 17565—2001的要求；监控管控执行公安要求	
8.4.2	麻醉药品和第一类精神药品管理符合"双人双锁"，有专用账册	设立专车或专柜储存；专车应当设有防盗设施并安装报警装置；专柜应当使用保险柜；库和专柜应当实行双人双锁管理；配备专人管理并建立专用账册；专用保险柜的保存期限应当自药品有效期期满之日起不少于5年	
8.4.3	易制爆化学品存量合规，双人双锁	存放场所出入口应设置防盗安全门，或存放在专用储存柜内，储存场所应有防盗功能，符合双人双锁管理要求，并安装机械防盗锁级（含）以上；专用储存柜应具有防盗功能	
8.4.4	易制毒化学品储存规范，台账清晰	设置专柜或专车储存；专车或专柜应设有防盗设施、专柜应当使用保险柜，专一类易制毒化学品、药品类易制毒化学品实现双人双锁管理，账册保存期限不少于2年	
8.4.5	爆炸品单独隔离、限量存储、使用、销毁按照公安部门要求执行	查看现场、台账	
8.5	实验气体管理		
8.5.1	从合格供应商处采购实验气体，建立气体钢瓶台账	查看记录	
8.5.2	气体的存放和使用符合相关要求	气体钢瓶存放点须通风、远离热源、避免暴晒、地面平整干燥；危险气体钢瓶尽量置于室外，室内放置使用时常时排风且带报警探头的气瓶柜；气瓶的存放存量应控制在最小需求量；涉及有毒、可燃气体的场所，配有通风设施和相应的气体监控和报警装置等，张贴必要的安全警示标识；可燃性气体与氧气等助燃气体不混放，独立的气体钢瓶室、应通风、不混放、有监控、管路有标识、去向明确；有专人管理和记录	
8.5.3	较小密闭空间使用可引起窒息的气体，需安装有氧含量监测，设置必要的气体报警装置	存有大量惰性气体或液氮、CO_2的较小密闭空间，为防止大量泄漏或蒸发导致缺氧，需安装氧含量监测报警装置	

续表

序号	检查项目	检查要点	情况记录
8.5.4	气体管路和钢瓶连接正确，有清晰标识	管路材质选择合适，无破损或老化现象，存在多条气体管路的房间所张贴详细的管路路图；有钢瓶定期检验合格标识（由供应商负责）；无过期钢瓶，未使用的钢瓶有钢瓶帽；钢瓶气体合格证内容完整、正确，气瓶颜色符合 GB/T 7144 的规定要求；确认"满、使用中、空瓶"三种状态；使用完毕，及时关闭气瓶总阀	
8.6	化学废弃物处置管理		
8.6.1	实验室应设立化学废弃物暂存区	暂存区要远离火源、热源和不相容物质，避免日晒、雨淋，存放两种和以上不相容的实验室危险废物时，应分不同区域暂存；暂存区应有警示标识并有防遗洒、防渗漏设施或措施	
8.6.2	实验室内须规范收集化学废弃物	危险废物应按化学特性、进行分类收集和暂存；危弃的化学试剂应存放在原试剂瓶中，保留原标签，并瓶口朝上放入专用固废桶中；针头等利器废应放入利器盒中收集；废液应分类装入专用废液桶中，废液桶须满足耐腐蚀、抗挤压、抗冲击等要求；所有实验室危险废物收集容器上须粘贴专用的标签。严禁将实验室危险废物直接排入下水道，严禁与生活垃圾、感染性废物或放射性废物等混装	
8.6.3	化学废弃物的转运须合规	委托有危险废物处置资质的专业厂家集中处置化学废物；校外转运之前，储存站应制定化学危险废物管理实验室危险废物，采取有效措施，防止废物的扩散、流失、渗漏或者产生二次污染	
8.6.4	学校应建设化学废弃物储存站并规范管理	储存站应有具体的管理办法和安全应急预案，并将储存站管理办法和安全应急预案落实到人员的岗位职责中；实验室危险废物出站转运等日常管理工作达到安全运行；转运人员应使用专用运输工具，如集装桶、口罩等；运输废物的危险特性，应携带必要的应急物资和个人防护用具、防护器材、手套、口罩等；储存站管理员须做好实验室危险废物转运情况的记录；实验室危险废物的校外转运必须按照国家有关规定填写危险废物电子或者纸质转移联单，任何单位和个人未经许可不得非法转运	
8.7	危化品仓库与废弃物储存站		
8.7.1	学校建有危险品仓库、化学实验废弃物储存站，对废弃物集中定点存放	危险品仓库、化学实验废弃物储存站应须有通风、隔热、避光、防盗、防爆、防静电、泄漏报警、应急喷淋、安全警示标识等灭火器材、符合相关规定、消防设施符合国家相关规定、正确配备灭火器材（如灭火器、灭火毯、沙箱、自动喷淋）；若仓库或储存站在实验楼内，必须有警示、通风、隔热、避光、防盗、防爆、防静电、泄漏报警，应急喷淋等技防措施，面积不超过30平方米；不混放、整箱试剂的叠加高度不大于1.5米；储存站不能在地下空间	
8.8	其他化学安全		
8.8.1	配制试剂需要张贴标签	装有配制试剂、合成品、样品等的容器上标签信息明确，标签信息包括各名称或编号、使用人、日期等；无使用饮料瓶存放试剂现象，样品去原包装纸，必须撕去原包装纸，贴上统一的试剂标签	

续表

序号	检查项目	检查要点	情况记录
8.8.2	不使用破损量筒、试管、移液管等玻璃器皿	查看现场	
9	生物安全		
9.1	实验室资质		
9.1.1	开展病原微生物实验研究的实验室，须具备相应的安全等级资质	其中 BSL-3/ABSL-3、BSL-4/ABSL-4 实验室须经政府部门批准建设；BSL-1/ABSL-1、BSL-2/ABSL-2 实验室由学校建设后报卫生或农业部门备案；查看资格证书、报备资料	
9.1.2	在规定等级实验室中开展涉及病原微生物的实验	按《人间传染的病原微生物名录》对应的实验室安全级别进行致病性病原生物研究，重点关注：开展灭活的高致病性病原微生物（列人一类、二类）相关实验研究，必须在 BSL-3/ABSL-3、BSL-4/ABSL-4 实验室中进行；开展低致病性病原微生物（列人三类、四类）或经灭活的高致病性感染性材料的相关实验和研究，必须在 BSL-1/ABSL-1、BSL-2/ABSL-2 或以上等级实验室中进行	
9.2	场所与设施		
9.2.1	实验室安全防范设施达到相应生物安全实验室要求，各区域分布合理，气压正常	BSL-2/ABSL-2 及以上安全等级实验室须设门禁管理和准人制度；储存病原微生物的场所或储柜配备防盗设施；BSL-3/ABSL-3 及以上安全等级实验室须安装监控报警装置	
9.2.2	配有符合相应要求的生物安全设施	配有Ⅱ级生物安全柜，定期进行检测；B型生物安全柜需有正常通风系统，配有压力蒸汽灭菌器，并定期监测灭菌效果，有安全操作规程上墙；配置消防设施，应急供电（至少延时半小时），应急淋浴及洗眼装置；传递窗功能正常，内部不存放物品；安装有防虫纱窗，人口处有挡鼠板	
9.3	病原微生物采购与保管		
9.3.1	采购或自行分离高致病性病原微生物菌（毒）种，须办理相应主管部门申请和报批手续	采购病原微生物须从有资质的单位购买，具有相应合格证书；主管部门批准；转移和运输需按规定报卫生和农业主管部门批准，并按相应的运输包装要求包装后转移和运输	
9.3.2	高致病性病原微生物菌（毒）种应妥善保存和严格管理	病原微生物菌（毒）种保存在带锁冰箱或柜子中，高致病性病原微生物实行双人双锁管理；有病原微生物菌（毒）种保存、实验使用、销毁的记录	
9.4	人员管理		
9.4.1	开展病原微生物相关实验和研究的人员经过专业培训	人员经考核合格，并取得证书。检查存档资料	
9.4.2	为从事高致病性病原微生物的工作人员提供适宜的医学评估	实施监测和治疗方案，并妥善保存相应的医学档案；有上岗前体检和离岗体检，长期工作有定期体检	

续表

序号	检查项目	检查要点	情况记录
9.4.3	制定相应的人员准入制度	外来人员进入生物安全实验室需经负责人批准,并有相关的教育培训,不得进行病原微生物实验感冒发热等症状时,安全防控措施;出现	
9.5	操作与管理		
9.5.1	制定并采用生物安全手册,有相关标准操作规范	有从事病原微生物相关实验活动的标准操作规范	
9.5.2	开展相关实验活动的风险评估和应急预案	BSL-2/ABSL-2及以上等级实验室,开展病原微生物的相关实验活动应有风险评估和应急预案,包括病原微生物及感染材料溢出和意外事故的书面操作程序	
9.5.3	实验操作合规,安全防护措施合理	在合适的生物安全柜中进行实验操作;不在超净工作台中进行病原微生物实验;速离心机,小心防止离心管破损或盖子破损造成气溶胶散发;有开展病原微生物相关实验活动的记录;有合适的个人防护措施;禁止戴防护手套操作与实验无关的设施设备	
9.6	实验动物安全		
9.6.1	实验动物的购买、饲养、解剖等符合相关规定	饲养实验动物的场所应有资质证书;实验动物需从具有资质的单位购买,有合格证明;用于解剖的实验动物须经过检验检疫合格;解剖实验动物时,必须做好个人安全防护	
9.6.2	动物实验按相关规定进行伦理审查,保障动物权益	查看记录	
9.7	生物实验废弃物处置		
9.7.1	生物废弃物的处置应有专用集中场所	学校有资质的单位签约处置生物废弃物,有交接记录;学校有生物固废中转站;动物实验结束后,送学校中转站中转或暂存,及时处理,学校有统一的生物实验废弃物生物废弃物专用塑料袋(内置),有标识,配备生物安全标签	
9.7.2	生物废弃物的处置应满足特殊要求	生物实验产生的EB胶有毒性,需集中存放,贴化学废弃物标签,及时送学校中转站或回收点,移液枪头等尖锐物应使用耐扎的利器盒/纸板箱盛放,送储时再进行高温高压灭菌或化学浸泡处理;高致病刀片,贴好标签;涉及病原微生物的实验废弃物必须进行高温高压灭菌或化学浸泡处理;性生物材料废弃物处置需实现源头追溯;生物实验废弃物不得混入与生活垃圾混合	
10	辐射安全与核材料管制		
10.1	资质与人员要求		
10.1.1	辐射工作单位须取得辐射安全许可证	按规定在放射性核素种类和用量以及射线种类许可范围内开展实验;除已被豁免管理外,射线装置、放射源或者非密封放射性物质应纳入许可证范畴	

续表

序号	检查项目	检查要点	情况记录
10.1.2	辐射工作人员经过专门培训,定期参加职业体检	辐射工作人员具有《辐射安全与防护培训合格证书》,或者《生态环境部辐射安全与防护考核通过报告单》,辐射工作人员按时参加放射性职业体检(2年1次),有健康档案;辐射工作人员进入实验场所须佩戴个人剂量计;剂量计委托有资质的单位按时进行剂量检测(3个月一次)	
10.1.3	核材料许可证持有核材料,核材料数量达到法定要求的单位须建立专职机构或指定专人负责保管核材料,执行国家管制条例制度要求。有账目与报告制度,保证账物相符	持有核材料许可证;数量达到法定要求的单位须取得核材料许可证;有专职机构或指定专人负责办理核材料衡算和核安保工作执行国家要求	
10.2	场所设施与采购运输		
10.2.1	辐射设施和场所应有警示、联锁和报警装置	放射源储存库应设"双人双锁",并有安全报警系统,辐照设施设备和2类以上射线装置具有能正常工作的安全联锁装置和报警装置,有明显的安全警示标识、警戒线和剂量报警仪	
10.2.2	辐射实验场所每年有合格的实验场所检测报告	查看场所辐射环境监测报告	
10.2.3	放射性物质的采购、转移和运输应按规定报批	放射源和放射性物质的采购和转让转移有学校及生态环境部门的审批备案材料;放射性物质转移前必须先做环境影响评价工作;放射性物质的采购和运输必须以及3类以上射线装置变更及时登记	
10.3	放射性实验安全及废弃物处置		
10.3.1	各类放射性装置有符合国家相关规定的操作规程,安保方案及应急预案,并遵照执行	重点关注γ辐照、电子加速器、射线探伤仪、非密封放射性实验操作,5类以上的密封性放射性实验操作;查看辐射事故应急预案	
10.3.2	放射源及设备报废时有符合国家相关规定的处置方案或回收协议	中、长半衰期核素固液废弃物有符合国家相关规定的处理,并有处置记录;短半衰期含有放射源或液废弃物放置10个半衰期经检测达标后作为普通废物处理;报废含有放射源或可产生放射性的设备,涉源学校管理部门同意,并按国家规定进行退役处置;X光管报废时应敲碎、拍照留存;涉源实验场所退役,须按学校及公安部门的审批备案及国家相关规定执行	
10.3.3	放射性废物(源)应严加管理,不得作为普通废物处理,不得擅自处置	相关实验室应当配置专门的放射性废物收集桶;放射性废液送贮前应进行固化鉴备,废物及时送交城市放废库收贮	
11	机电等安全		
11.1	仪器设备常规管理		
11.1.1	建立设备台账,设备上有资产标签,有明确的管理人员	查看电子或纸质台账	

续表

序号	检查项目	检查要点	情况记录
11.1.2	大型、特种设备的使用需符合相关规定	大型仪器设备、高功率设备与电路容量相匹配，有设备运行维护的记录，有安全操作规程或注意事项	
11.1.3	仪器设备的接地和用电符合相关要求	仪器设备接地系统应按规范要求，采用铜质材料，接地电阻不高于0.5欧；加热设备不随意开机过夜，对不能断电的特殊仪器设备，采取必要的防护措施（如双路供电、不间断电源、监控报警等）	
11.1.4	特殊设备应配备相应安全防护措施	特别关注高温、高压、高速运动、电磁辐射等特殊设备，对使用者有培训要求，有安全警示标识和安全警示牌（黄色），设备安全防护措施完好；自制自用设备，须充分考虑安全系数，并有安全防护措施	
11.2	机械安全		
11.2.1	机械设备应保持清洁整齐，可靠接地	机床应保持清洁整齐；严禁在床头、刀架上放置物品；机械设备可靠接地，实验结束后，应切断电源，整理好现场并将实验用具等摆放整齐，及时清理机械设备产生的废屑	
11.2.2	操作机械设备时实验人员应做好个人防护	个人防护用品要穿戴齐全，如工作帽、工作服、工作鞋；进入高速切削机械操作场所，穿"三紧式"工作服，不能留长发（长发要盘在工作帽内），禁止戴手套；戴好防护眼镜，扣紧衣袖口，长发学生必须将长发盘在工作帽内，严禁戴手表、手镯等配饰物，领带、长围巾、手镯等配饰物，禁穿拖鞋、高跟鞋等	
11.2.3	特锻及热处理实验应满足场地和防护要求	铸造实验场地宽敞，通道畅通，使用设备前，操作者按要求穿戴好防护用品；盐浴炉加热零件必须预先烘干，以免发生火灾，并用铁丝绑牢，以防盐液体崩溅伤人，使用盐液炉中，淬火油槽不得有水，油量不能过少，以免引起爆炸，缓慢接触加热，使用前必须加热，严禁将冷却的工具伸入铁水中，与冷水接触的一切工具，锻压设备打空不得过大力敲打或锻造时锻件应达到850℃以上，锻锤空置时应垫有木块	
11.2.4	高空作业应符合相关操作规程	2米以上高空临边、攀登作业，须穿防滑鞋，佩戴安全帽、使用安全带，有相关安全操作规程	
11.3	电气安全		
11.3.1	电气设备的使用应符合用电安全规范	各种电器设备及电线应始终保持干燥，防止浸湿，以防短路引起火灾或烧坏电气设备；试验室内的功能间商都应设有专用接地母排，并设有多点接地引出端；高压、大电流等强电实验室要设定安全距离，按规定设置安全警示牌、安全信号灯、联动式警铃，安全门不低于2米）；控制室（控制台）应有安全隔离装置或屏蔽遮栏等；强电实验室禁止存放易燃、易爆、易腐品，保持通风散热；应为设备配备残余电流绝缘垫等；强电实验室禁止存放易燃、易爆、易腐品，保持通风散热；应为设备配备残余电流泄放专用的接地系统；禁止在有可燃气体泄漏隐患的环境中使用电动工具；电烙铁等电气配备专门搁架用毕立即切断电源；强磁实验配备残余电流泄放专用接地的工具与大地相连的金属屏蔽网	

续表

序号	检查项目	检查要点	情况记录
11.3.2	操作电气设备应配备合适的防护器具	强电类实验必须二人（含）以上，操作时应配备绝缘手套；静电场所，要保持空气湿润，工作人员要穿防静电的衣服和鞋靴	
11.4	激光安全		
11.4.1	激光实验室配有完备的安全屏蔽设施	功率较大的激光器有互锁装置、防护罩；激光照射方向不会对他人造成伤害，防止激光发射口及反射镜上扬	
11.4.2	激光实验时所佩戴合适的个人防护用具	操作人员穿戴防护眼镜等防护用品，不带手表等能反光的物品；禁止直视激光束和它的反向光束，禁止对激光器件做任何目视直接操作；禁止用眼睛查看激光器故障，激光器必须在断电情况下检查	
11.4.3	警告标识	所有激光区域内张贴警告标识	
11.5	粉尘安全		
11.5.1	粉尘爆炸危险场所，应选用防爆型的电气设备	防爆灯、防爆电气开关、导线敷设应选用镀锌或水煤气管，加工要有除尘装置、除尘器符合可燃性粉尘的电气安全要求，必须达到整体防爆要求，粉尘工具具有防爆功能或不产生火花	
11.5.2	产生粉尘的实验场所，须穿戴合适的个人防护用具	粉尘爆炸危险场所应穿戴防静电衣质衣服，禁止穿化纤材料制作的衣服，工作时必须佩戴防尘口罩和护耳器	
11.5.3	确保实验室粉尘浓度在爆炸限以下，并配备灭火装置	粉尘浓度较高的场所，有加湿装置（喷雾）使湿度在65%以上；配备合适的灭火装置	
12	特种设备与常规冷热设备		
12.1	起重类设备		
12.1.1	额定起重量大于规定值的设备须取得《特种设备使用登记证》	额定起重量大于等于3吨于等于高度大于等于2米的起重设备须取得《特种设备使用登记证》，低于额定值限值的可不办理《特种设备使用登记证》	
12.1.2	起重机械作业人员、检验单位须有相关资质	起重机指挥、起重机司机等起重设备作业人员取得《特种设备作业人员证》，持证上岗，并每4年复审一次；委托有资质单位进行定期检验，并将定期检验合格证于特种设备显著位置	
12.1.3	起重机械需定期保养，设置警示标识，安装防护设施	在有用起重机械至少每月进行一次日常维护保养和自行检查，并做记录；制定安全操作规程，并有周边醒目位置张贴警示标识，有必要的防护措施；起重设备声光报警正常，室内起重设备要标有运行通道，废弃不用的起重机械应及时拆除	
12.2	压力容器		

续表

序号	检查项目	检查要点	情况记录
12.2.1	规定压力容器须取得《特种设备使用登记证》和《特种设备使用登记表》	压力大于等于0.1兆帕且容积大于等于30升的压力容器，须取得《特种设备使用登记证》《特种设备使用登记表》《特种设备使用登记标志》；设备铭牌上标明为简单压力容器不需办理	
12.2.2	压力容器作业人员、检验单位须有相关资质	快开门式压力容器操作人员、移动式压力容器充装人员、氧舱维护保养人员，持证上岗，取得《特种设备作业人员证》，并每4年复审一次；委托有资质单位进行定期检验，委托压力表等附件需委托有资质单位定期校验或检定	
12.2.3	压力容器的存放区域合理，有安全警示标识	大型实验气体罐的存储场所应通风、干燥、防止雨（雪）淋、水浸，避免阳光直射，严禁明火和其他热源；大型实验气体（窒息、可燃类）罐必须放置在室外，周围设置隔离装置，安全警示标识；可燃性气体远离火源热源	
12.2.4	存储可燃、爆炸性气体的气瓶满足防爆要求	容器的电器开关和熔断器都应设置在明显位置，同时应设避雷装置；电气设施是否防爆、防雷装置接地良好	
12.2.5	压力容器应有专用管理制度和操作规程，实行使用登记	制定大型实验气体罐管理制度和操作规程，落实维护、保养安全责任制；实行使用登记制度，保养气体罐外观及附件是否完好及时填写使用登记表；定期检查大型实验气体罐气瓶罐外观及附件是否完好	
12.3	场（厂）内专用机动车辆		
12.3.1	取得《厂内机动车辆监督检验报告》	查看报告	
12.3.2	作业人员取得《特种设备作业人员证》，持证上岗	作业人员的《特种设备作业人员证》在有效期内	
12.3.3	委托有资质单位进行定期检验	合格证在有效期内	
12.4	加热及制冷装置管理		
12.4.1	储存危险化学品的冰箱满足防爆要求	储存危险化学品的冰箱应为防爆冰箱或经过防爆改造的冰箱，并在冰箱门上注明是否防爆	
12.4.2	冰箱内存放的物品须标识明确，试剂必须可靠密封	标识至少包括：名称、使用人、日期等，并经常清理，无开口容器；试剂瓶螺口拧紧，实验室冰箱中不放置非实验用食品	
12.4.3	冰箱、烘箱、电阻炉的使用满足使用期间和空间要求	冰箱不超期使用（一般使用期限控制为10年），如超期使用需经审批；冰箱、烘箱周围留出足够空间，周围不堆放杂物，不影响散热；烘箱、电阻炉等应放置在通风干燥处，加热设备应放置在木桌、木板等易燃物品上，如超期使用需经审批；加热设备应放置在木桌、木板等易燃物品上，不直接放置在木桌、木板等易燃物品上，设备旁不能放置易燃易爆化学品、气体钢瓶、冰箱、杂物，周围有一定的散热空间，设备旁不能放置易燃易爆化学品、气体钢瓶、冰箱、杂物等	

续表

序号	检查项目	检查要点	情况记录
12.4.4	烘箱、电阻炉等加热设备须制定安全操作规程	加热设备周边醒目位置张贴有高温警示标识，并有必要的防护措施，张贴有安全操作规程，警示标识；烘箱等加热设备内不准烘烤易燃易爆试剂及易燃物品；不使用塑料筐等易燃容器盛放实验物品在烘箱等加热设备内烘烤；使用完毕，清理物品，切断电源，确认其冷却至安全温度后方能离开；使用电阻炉等明火加热设备时有人值守；使用加热设备时，温度较高的实验需有人值守或有实时监控措施	
12.4.5	使用明火电炉或者电吹风须有安全防范举措	涉及化学品的实验室不使用明火电炉；如必须使用，须有安全防范措施；不使用明火电炉加热易燃易爆试剂，电吹风、电热枪等用毕，须及时拔除电源插头；不能用纸质、木质等材料自制红外灯烘箱	

参考文献

[1] 季剑波. 化学检验工（技师、高级技师）. 2版. 北京：机械工业出版社，2014.
[2] 姜洪文，陈淑刚，张美娜. 化验室组织与管理. 4版. 北京：化学工业出版社，2021.
[3] 杨爱萍，蒋彩云. 实验室组织与管理. 北京：中国轻工业出版社，2019.
[4] 马桂铭. 化验室组织与管理. 4版. 北京：化学工业出版社，2019.
[5] 季剑波. 简明化学检验工手册. 北京：机械工业出版社，2013.
[6] 王秀萍，刘世纯，常平. 实用分析化验工读本. 4版. 北京：化学工业出版社，2016.
[7] 中化化工标准化研究所. 危险化学品标准汇编-无机化工卷. 北京：中国标准出版社，2004.
[8] GB 2894—2008. 安全标志及其使用导则.
[9] GB 15346—2012. 化学试剂 包装及标志.
[10] TSG 23—2021. 气瓶安全技术规程.
[11] GB/T 7144—2016. 气瓶颜色标志.
[12] CNAS-RL01：2019. 实验室认可规则.
[13] CNAS-GL001：2018. 实验室认可指南.
[14] CNAS-CL01：2018. 检测和校准实验室能力认可准则.